香港中文大學EMBA管理叢書・43

與CEO對話

壯志高飛

林邦源　謝冠東
編著

中 華 書 局　　香港管理學院出版社

本書之出版承蒙
「更好明天」慷慨贊助

序

「與 CEO 對話」是香港中文大學 EMBA 課程與香港電台第一台每年一度合辦的重點節目。每次錄影，EMBA 教授、校友、同學均與嘉賓用心交流，探討待人接物的成功之道，以及與時並進的應變之法。節目錄影後，則先後透過電台、電視、報章、書籍，與普羅大眾共享種種珍貴經驗和見解。你手上這本書，正是那寶貴成果。

2020 年度的節目是第十七輯，我們再度訪問了八位 CEO，橫跨科技、醫藥、地產、餐飲、社企、文化等多個領域。他們以非凡的親身經歷，跟廣大讀者分享如何洞察世情，見常人所未見。讓我們向八位賢者學習，務求擴闊眼界，潤澤人生。

我們誠意感謝八位參與的 CEO：查毅超博士、盧煜明教授、蔡宏興先生、黎韋詩女士、凌浩雲先生、梁瑞安博士、鄧耀昇先生和毛俊輝先生，慷慨分享他們的真知灼見，惠及廣大聽眾和讀者。

本節目得以順利舉行，實有賴以下人士的付出和支持，他們包括香港電台的周國豐先生、何重恩先生、何翠峰女士、張璧賢女士、黃天恩先生。還有香港中文大學 EMBA 課程的阮泳嫻女士、蔡紫華女士、梁凱珊女士、羅淑怡女士、李穎祺女士、吳秋蓮女士、鄺天樂女士、關樹楨先生和甘好儀女士。編者在此謹致以衷心感謝。

本書在編輯期間，也承蒙多方協助和支持。編者首先感謝「更好明天」（A Better Tomorrow）慷慨贊助本書的編印經費，此外，也要感謝香港中文大學翻譯系校友及學生吳淑華、林思明、陳思慧、李建愉、何凱茵、鄭庭軒、車雪鎣、黃卓怡協助筆錄內容，以及香港中文大學翻譯系校友陳敏慈、林思明擔任本書的模擬讀者，提出不少建議。最後，中華書局（香港）有限公司編輯張佩兒女士緊密跟進出版流程，衷心致謝。

林邦源
陳志輝
謝冠東
2022 年 11 月 30 日

目錄

與CEO

對話

01

與查毅超對話

現在政府為初創企業提供各樣資助，對創業人士真的很友善，但要成功還是得用心去做。資金再多，才能再高，伙伴再齊全，但要是你沒有 commitment，還是行之不遠。

查毅超（Sunny），香港科技園公司主席。

家中排行最小的 Sunny，畢業於美國羅徹斯特理工學院，取得商學理學士學位，並分別於 2007 年及 2010 年取得香港中文大學行政工商管理碩士學位及香港城市大學工程學博士學位。

大學畢業後，Sunny 隨即回港打理家族生意。加入之初，公司只有大約六十名員工，如今已發展成為全球知名的磅秤生產商，Sunny 本人更有「磅秤大王」的稱號。

2018 年 7 月，Sunny 獲委任為香港科技園公司主席。上任以來，科技園循四大範疇——智慧城市、人工智能與機械人科技、金融科技和生物醫藥科技——推動創科發展。

左起
張璧賢、陳志輝、查毅超

統籌　陳志輝教授及中大 EMBA 課程
主持　陳志輝、張璧賢
嘉賓　查毅超（香港科技園公司主席）
整理　謝冠東
錄影日期　二〇二〇年七月二日

本章重點

早年在美國學習信息管理
帶領公司　成為「磅秤大王」
以先進科技打響磅秤名堂
結合管理理論和實踐
改造香港的工業邨
官產學研結合，提升科技實力
香港的科研優勢
人生要觀察時位勢

陳：陳志輝
張：張璧賢
查：查毅超

・早年在美國學習信息管理・

張：當大家都以為 2019 年已面臨很大的逆境，但如今看來挑戰更大，連本年度《與 CEO 對話》的拍攝場地和方式也不得不有所調整。面對困難，人人都渴望能從谷底反彈。

陳：我認為初心很重要。做這個節目的初心是貢獻社會，多年來我們一直邀請優秀人才分享心得。今年《與 CEO 對話》的主題是「2020 壯志高飛」，如果我們從一開始沒有付出心血，這個節目便不能飛起來。只要我們認為是對的事，就要繼續做下去。有些人看見環境嚴峻便停步不前，但我們反其道而行，在逆境中更要邀請勇於迎難而上的人來分享心得。

張：常說「高度決定視野，角度改變觀念」，今天的嘉賓除了高瞻遠矚，本身亦身材高大。讓我們歡迎查毅超。上次見 Sunny，你自謙小時候讀書成績一般，是家裏最差的一個，這是真的嗎？

查：如果真的很差，之後也不會在 2005 年入讀中大 EMBA（笑），但的確不如姐姐及兩位哥哥。雖然我的成績及不上他們，卻從未受父母責罰；反之，他們即使成績再好，只要稍有差池便遭父母嚴厲斥責。小時候我百思不得其解，長大後問母親，她竟然說前三個孩子都用同一種方法管教，到第四個不如作新嘗試，看看效果。原來我是實驗品。

陳：這是因材施教，四個孩子各有長處，用同一方式教導未必可行。**每個人都有一技之長，此路不通總有另一條出路，最重要的是永不放棄。**例如成績不夠好的可能擅長運動。

查：我在 EMBA 的成績有所進步，也要多謝一班良師益友。

陳：多謝。我記得你當年尚未畢業，便已找我推薦你修讀博士，我十分支持你的決定。

張：你修讀工程博士，花了四年時間，是甚麼燃起了你再度讀書的興致?

查：從我取得第一個學位到入讀 EMBA 相隔了十七年，因為太久沒應考了，EMBA 考試時，我的手居然在發抖。其實繼續升學一直是我的心願，畢業時已經希望讀第二個學位，但是爸爸希望我回去幫忙打理他的生意，所以我放棄了升學。後來工作太忙，直到 2000 年代，朋友問我對 EMBA 課程有沒有興趣，才又重燃我讀書的心志。經一輪研究後，我報讀了中大的 EMBA，也很高興在課程中結識了一班良朋好友。

陳：我錄取他的原因，是他並非為了飛黃騰達才來讀 EMBA；當時他已是公司的董事總經理，沒有升職空間了。他讀 EMBA，是為了可以飛得更高。我相信只要一個人全心全意做好一件事，就可以造福社會。可惜香港社會過度向金融業傾斜，忽略了實業也是很重要的社會基石。因此每年的節目我都會盡量邀請工業家。

張：Sunny絕對是資深的工業家，從小就在工廠長大。你完成初中課程後，就到美國升讀高中。

陳：當時在美國有沒有受到欺負呢?

查：倒沒有，只是需要時間適應。慶幸因為我喜歡打籃球，與當地學生有共同「語言」，很快便能投入他們的圈子，後來還加入了高中的籃球校隊。

陳：運動的確是一種共同語言。當年我初到美國也是靠打羽毛球認識朋友。你在大學主修甚麼科目?

查：當時我想修讀工業設計，但大哥認為我應該選商科，我便聽從家人的意願主修商科。不過在主修以外，我選修了很多MIS（Management Information System，信息系統管理）相關的科目。

陳：這也為你的人生埋下伏筆，當年選修所學如今就派上用場。

·帶領公司　成為「磅秤大王」·

張：在美國的大學畢業後你旋即回港協助父親，他是否從小就有意栽培你接手家族生意?

查：的確，自小我和二哥暑假都在工廠裏度過，耳濡目染，對工廠的一切都十分熟悉。

陳：我訪問過的五、六位工業 CEO 都是 Sunny 介紹的，今天終於可以訪問他本人。（笑）小時候在工廠的日子有為你帶來啟發嗎？

查：那時候年紀尚小，在工廠百無聊賴時便翻閱雜誌，例如 *Hong Kong Enterprise*（《香港企業》）。不過我只有八、九歲，對工業當然沒有興趣，只是想看雜誌裏的玩具。同時看到不同電器和自己公司的廣告，日子久了也吸收到一點工業知識。中學時，我和幾個朋友為公司做跑腿，一起到洋行送辦和收票，也因此拜訪過很多長輩的公司，彼此有所交流。

陳：中五時，我和同學也曾在工廠打工。期間公司生意不景，辭退了不少員工，但主管卻邀請我由兼職轉做全職。我很驚訝，原來主管看見我跟其他同學不同，在剪電線時會連線頭也剪好，他欣賞我做事細心。這件事給我很大的啟發，其實**自己的一舉一動，別人都看在眼裏，所以一定要做好本分**。

張：話說回來，大學畢業後，父親希望 Sunny 回港，其實是想委以重任，如果你願意回來，公司便北上發展；如果你不回來，他便要重新考慮是否發展內地業務。擔子這麼重，剛從美國大學畢業的你到底如何回應？

查：當時，學校課程要求我們畢業前在外工作半年。二哥的一位好朋友是新蒲崗某大型製衣廠的電腦部主管，由於我讀了很多 MIS 相關的科目，他便聘請我為實習生。我在這所約有三千名員工的大廠工作了半年，體驗到具規模的運作系統，與父親的小型公司相比有天壤之別——父親的工廠在鰂魚涌，只有五十名員工，辦公室更只得五人。雖然面對這麼龐大的系統，但我沒有怯場，並體會到將來可如何借鏡，幫助父親。半年後，我回到美國完成最後的課業，當時父親問我畢業後是否真的回來，若我拒絕，公司便不會遷往深圳。不過，我覺得父親只是虛張聲勢，無論我回來與否，公司北上都是事在必行，他只是想向我施壓。

陳：當時你好像只有二十多歲?

查：剛好二十一歲。

陳：聽了父親的話，你有甚麼感覺?

查：其實我心裏已有commitment（決心），想幫父親的忙，因為他的工廠有優化空間。當然，五十人的小廠不能與新蒲崗三千人的大廠相提並論，但即使我們沒有資源發展這麼龐大的系統，也不用一步登天，可以慢慢補救。

張：你們由一家小型公司，發展成為今天全球數一數二的磅秤生產商，你這位「磅秤大王」首先為公司帶來甚麼變革?

查：首先我把電腦帶到公司。母親說生意更加重要，問我拿電腦來幹甚麼?當時公司規模雖小，但其商業模式運作多年仍然行之有效，自有一套秩序，例如下訂單時不用發出purchase order（購貨訂單），只需在黑皮簿裏記錄下來；又例如在貨倉，他們粗略看一眼便知道大約有多少貨物。

張：這些是民間智慧。

查：對，在那個年代，很多工廠都是這樣運作的，所以，我花了兩年時間才令他們明白並接受新系統。

陳：你如何把 MIS 或信息管理派上用場？

查：我把當實習生時所吸收的經驗應用出來，為工廠策劃了採購和倉儲的程序。其實，三千人的大廠和五十人的小廠在營運模式和流程方面應該不相伯仲，只是規模不同。

陳：這就是麻雀雖小，五臟俱全。

查：我們雖然是瘦小的麻雀，但始終需要五臟。

陳：家人是否覺得你很能幹？

查：他們知道我肯嘗試，便給我機會。那時我決定把產品歸類，然後選擇合適的產品主線。剛才我說過，父親跟洋行做生意，所以產品是五花八門的，包括鬚刨、電筒、玩具、汽車用吸塵機，甚至是機械廚房磅。父親的做法是，洋行委託甚麼，他都照單全收。

張：是那款 1975 年的廚房磅嗎？它的設計頗現代化，有北歐的風格。

查：對，因為 70 年代的香港廠家都會參考外國產品。父親不敢碰的只有電子產品。

陳：因為沒有這項技術？

查：是的，聽聞他曾經聘請電子工程師，但管不了他們，畢竟父親的強項是機械，不是電子，所以無法判斷下屬做得對不對。由於不熟悉電子技術，即使是造電筒，他也會把整個 module（模組）買回來，儘管成本頗高。

在眾多產品中，為甚麼我會選擇發展磅秤呢？畢業回港後，某次我翻閱 *Hong Kong Enterprise* 雜誌，看到父親很多同行生產電器，而且辦得有聲有色，現在才加入戰團未免太遲。父親在電筒方面表現不錯，但也有幾個競爭對手，而且內地工廠也開始加入市場，所以我們開始受壓。至於機械廚房磅，我在雜誌裏只看到兩三家生產商，認為這個市場還有發展空間，便問父親可否多生產一兩款產品。以前，曾經有客人問我們是否洋行，他們不相信這個廚房磅是我們自家生產的，因為我們的產品包羅萬有，業務過於繁雜，沒有主線。後來，我們推出廣告，集中推銷三款廚房磅，自此便獲得外國買家青睞。

張：做生意真的是一門學問，你父親要放棄銷售多年的產品，應該很難吧?

查：其實父親的膽子很大。

陳：不如讓我來説一個理論。今天是「壯志高飛」的第一集，我帶了 Robert Kennedy 的名言轉贈大家。眾所周知 John Kennedy 是美國總統，Robert 是他的弟弟，不幸的是，兩兄弟同樣遇刺身亡。當時 Robert 的事業如日方中，如果不是被行刺，理應也會當選總統。Robert 曾被問及為何可以做這麼多事情，他便引用蕭伯納（Bernard Shaw）的話回應：「Some men see things as they are and ask why. I dream of things that never were and ask why not.（別人觀察既存的事物，問：為甚麼? 我夢想從未發生過的事物，而問：為甚麼不這樣呢？）」如果你明白這句話，便知道怎樣才能壯志高飛，也會明白 Sunny 和他父親的想法。他們有夢想，所以不會永遠只是參考別人的作品。家人希望 Sunny 攻讀工商管理，他卻喜愛 MIS，然後在林林總總的產品裏看中了一個廚房磅。我相信他和父親都曾反問自己「why not？（有何不可？）」，因為他們從夢想出發，所以便能夠高飛。

張：我相信 Sunny 曾反問為甚麼不能專注單一產品，所以他選擇專門發展磅秤。但是，有了這個念頭，也不代表成功在望。轉捩點在哪裏？

查：我們在生產機械磅之初，已吸納了一些客戶。1990 年代，某法國品牌是我們其中一名最重要的客戶，2002 年我們更將之收購。此前我留意到他們的產品組合包括機械廚房磅、電子廚房磅和浴室磅。於是找身邊的朋友指導我電子磅的生產技術，但當時有大學同學着我放棄，說我不會成功。

張：是否因為概念很複雜？

查：是的，我把一個買回來的廚房磅拆開研究，那位同學看到裏面的 CPU 後，便說我做不來，因為我沒有資源。但我認為，**資源可以買回來，這並不打擊我想做電子磅的 commitment，這份決心是用錢也買不到的。**後來我走了很多迂迴的路，最終成功生產了第一個電子磅，再進而秉承 why not 的思維。如果大家還記得，80、90 年代的電子磅是這樣運作的：按開關鍵後，你要先把數字調校至零，才可量重。然而我知道有一種電子零件對於開發自動回零功能很有幫助，以前它很昂貴，但到了 1993 年，它的售價只是幾毫子美元，於是我嘗試研究能夠自動回零的電子磅，同年生產的第一款電子磅即已具備這項功能。

陳：聽起來原理好像很簡單，但要視乎你是否願意思考。

查：這得憑藉數個條件才能成功，一是要有合適的電子零件，二是要有同事幫忙組裝。雖然成功製造了全球首個設有回零功能的電子磅，但那時我們並不懂得申請專利。

陳：結果你被別人奪走了專利權?

查：沒有，只是大家都跟着我們去生產具有回零功能的電子磅。

陳：雖然你不能阻止概念被抄襲，但經此一役，你往後走少了很多冤枉路。

查：對，而且經一事長一智，以後對專利權當然會多加注意。

・以先進科技打響磅秤名堂・

張：你就是憑藉電子磅，由 OEM 邁向 ODM。

查：對。

陳：可以解釋一下甚麼是 OEM、ODM 和 OBM 嗎?

查：在 1960、1970 年代，很多香港廠家會按照收到的外國設計圖生產產品，這叫 OEM（Original Equipment Manufacturer，原設備製造）。若你有份參與產品設計，則是 ODM（Original Design Manufacturer，原設計製造）。再進一步就是 OBM（Original Brand Manufacturer，原品牌製造），即是擁有自家品牌。

張：那麼，這個電子磅是 OBM 嗎?

查：不是，那是 ODM，是我們自行開發的脂肪磅。在 90 年代後期，我們還出產了很多脂肪磅。今天，很多磅秤產品都是 connected scale，也就是可以利用手機和應用程式連接電子磅。但我們首個具連接功能的電子磅在 2001 年面世時，世上還未有藍牙技術和 Wi-Fi 無線網絡。那時恰巧我的一位朋友專注研究 PDA（電子手帳），他很厲害，可說是一位奇人，不但自行生產 PDA，還研究出自家的 operating system（OS，作業系統）。

陳：是香港公司嗎?

查：是的，但我潑他冷水，雖然他很聰明，可是公司規模不足，難以成功，情況就如今天由 iOS 和 Android 主導市場，要是我推出第三個手機 OS，又能否吸納到客人? 話雖如此，我還是把他的 OS 連接到我的電子磅，讓這部 PDA 的用家得以追蹤自己的體重和體脂。要連接電子磅和 PDA，可以使用很多技術，最後我們選擇了紅外線，這是全球第一部 connected scale。

陳：為甚麼你有這個想法?

查：因為我貪玩。**其實在 2001 年，客人不會接受那個具連接功能的電子磅的價格，為甚麼我還是要製造出來? 因為它是 flagship product（旗艦產品），客戶會因此認為我們領先業界，對我們的其他產品更有好感。**

張：那個電子磅令你聲名鵲起。能夠成為「磅秤大王」，除了貪玩外，其實伯樂也很重要，你覺得在整個過程中，誰是你的伯樂?

查：我有很多伯樂，但在人生當中，總有些人不會幫你。

陳：他們未必想害你，只是幫不了你，是嗎？

查：那些人通常會在你身上「找着數」，這樣算不算害你？

陳：算，最壞的是有心害你的人。

查：的確會有這種人，如果我在那一刻放棄了，便不會成功，所以我說 commitment 是買不到的。只要我決定了要嘗試，便會咬緊牙關。我的朋友都知道，我連玩樂也很投入，除非不做，一做便要奮戰到底。

張：你在 2018 年當上香港科技園公司的主席後，也很投入，為行業帶來很多變革和新發展。

陳：那麼，你是以玩樂的心態來當科技園的主席嗎？

查：當然不是。2006 年，我加入香港應用科技研究院董事局，那是我的首份公職。

陳：我們是同期加入的。

查：我比你早一點加入，那時我是最年輕的成員，所以有一定壓力。董事局裏有很多著名教授，我受到啟發，有空便想多讀點書。

張：Sunny 由一位工業家，搖身一變成為統領創科人員的領袖，他如何發揮領導才能？下一節再解答。現在把時間交給 EMBA 同學。

·結合管理理論和實踐·

梁錦誠（EMBA 2021 學生）：查博士，多謝你的分享。你抱有持續學習的熱誠，但坊間常有一個論調，說管理理論是紙上談兵，做生意最重要是實戰經驗。想請教一下，你認為理論和實踐應該如何結合，才可以發揮最大效用？

查：我在讀大學本科時，對此沒有多大的感受，當時工作經驗不夠，所以沒有那種結合理論和實戰的火花。工作了十七年後，再回到校園修讀 EMBA，同時與許多同學交流後，才體會到理論和實踐有莫大的關係。有很多特別的理論都很有用，例如陳教授常說的「左右圈」，還有導人向善的名言佳句，有些甚至出自古書，如「元亨利貞」。

陳：你還記得！

查：當然記得，因為那時教授要我們做功課。**其實理論不一定來自教科書，古書裏的片言隻語也可以是理論，能套用到今天的工作環境和商業社會。而教授說的「左右圈」，便教導了我們如何利用策略說服客人購買產品。另外，產品應該如何開發，怎樣才能對事情有幫助等，都是理論和實踐可以互相結合的地方。**

張：工作後再重返校園，真的會別有一番體會，因為有了工作經驗後，能引發不同的想法。

莊文傑（EMBA 2021 學生）：查博士，多謝你的分享。世界瞬息萬變，很多人在談工業 2.0、3.0 甚至 4.0，身為香港科技園公司主席，你如何帶領香港工業家迎接各種新挑戰?

查：不論是工業 2.0、3.0 或 4.0，對我來說只是一種手法，如果香港要再一次工業化，我認為工業家首先要審視自己的業務。**流程是各施各法的，不是每項工作都適合運用工業 4.0，你要思考是否整條生產線都要全自動化、是否只有 dark factory（不亮燈的工廠）才可稱為先進製造等問題。有時候把一部分流程自動化已經足夠，而且更有效率。當然，我們可以把很多先進科技應用在工業生產上，這是無可厚非的，這樣一定對再工業化有幫助。**

張：究竟 Sunny 如何帶領香港再工業化? 稍後繼續探討。Sunny，你今天帶來了一首你非常喜愛的歌。

查：它叫“Against the Wind”。在美國讀高中的大哥於聖誕節回港時送了一片 CD 給我，我很喜歡裏面的這首歌，因為歌詞很勵志，大意是：你一路迎風而上，途中找到一個 shelter（避風之所），然後繼續迎風而上。這有如人生，我從事工業生產三十多年，2006 年開始擔任公職，其實我一直在自我增值，嘗試不同的崗位，我有時笑稱為 upcycle（升級循環）。當然，我要多謝給我機會的人。一路走來，我要面對不同的事物，每天都有不同的挑戰。

張：現在送上 "Against the Wind"，請大家留意歌詞。

・改造香港的工業郵・

張：政府近年積極推動再工業化，Sunny 作為科技園公司主席兼資深工業家，如何推動園內企業再工業化? 坊間

香港科技園籌備將軍澳的先進製造業中心時曾進行諮詢，發現對中心感興趣者有三大類別：不需大量人力的新科技；滿足本地需要的業務；把核心程序回流香港執行的企業。

認為工業是夕陽行業，你有何看法？

查：我不認同工業是夕陽行業。世界各地有不同需求，所以，再工業化在不同地方也有各自的定義。在香港，不少工業邨的大樓經改建後，往往可在六至八周內成功招租。幾經試驗，我們發現對這類工廈有需求的租戶主要包括：一、不需大量人力的新科技；二、滿足本地需要的業務，如疫情下獲政府資助的口罩生產商，或是熔噴布、食品、中藥生產等；三、程序回流，好像某些於廣東省設廠的公司，因勞動成本增加而嘗試自動化，過程中不想外洩某些核心程序（core process）的細節，就會將程序帶回香港執行。數年前，我們籌備將軍澳的先進製造業中心時，進行過兩輪諮詢，發現對中心感興趣者，均屬於以上三大類別。

陳：中國文化中，「士、農、工、商」之說源遠流長，任何一項都不會貿然消失，又何來「工業是夕陽行業」呢？只有不思進取的企業，才是夕陽企業，早晚會被淘汰。

工業如能滿足人的需要，便會一直長存。

查：多謝教授的啟發。科技園近兩年分別就大埔、元朗及將軍澳三個工業邨進行再工業化諮詢，希望活化工業邨。大埔、元朗、將軍澳工業邨分別於1978、1980及1994年落成，現時有三萬多人在內工作，但一直沿用的運作方式是否仍合時宜？我們期望再工業化可為工業邨帶來新的發展方向。

張：有甚麼新方向？

查：新方向有幾項指導原則，包括本地工業的輸出、投資、製造高技能就業、先進的製作流程、產品的科技元素、適合本土消費，並要在產品及製作流程上加入研究及發展（R&D）元素。

科技園近年就大埔、元朗及將軍澳三個工業邨進行再工業化諮詢，希望能夠活化。圖為元朗工業邨（現已更名為元朗創新園）。

張：以往製衣需要衣車和織布機，現在的製衣方式已截然不同，但我們每天仍要穿衣，量度體重時亦需要磅，這些工業產品與我們的生活息息相關。

陳：所以工業必然存在，只是要釐清由誰、何時、何地及用何法來做，需要很多智慧。你提及就業機會，而就業前需要接受教育，吸取知識。那麼，剛才的指導原則，又有沒有先後之分?

查：沒有先後之分，那些指導原則是經過諮詢，並由資深工業家組成委員會討論，才醞釀出來的，全部都重要。

·官產學研結合，提升科技實力·

陳：你們正發展「創新生態圈」，可否以此具體例子，解釋如何實現那些指導原則？公眾常混淆科學園和數碼港，亦不了解科技園的工作，我們可趁此機會加深公眾對科技園的認識。

查：位於沙田的科學園，是由科技園公司管理和興建的。很多人誤解科學園為科研中心，其實不然。香港有五個科研中心，包括生產力促進局，全都隸屬創新科技署。而科學園和數碼港則是平台，讓科技公司進行科研。我們提供的創新培訓計劃，主要分四大 clusters（聚群），包括人工智能與機械人科技（Artificial Intelligence & Robotics，簡稱 AIR）、金融科技、生物醫藥科技和智慧城市，而每個聚群亦會再細分不同科技。我們和工業亦息息相關，科學園有很多初創科技公司正在研究，目標是把研發項目變成產品；我們希望所有科技的生態圈（ecosystem），包括科學園、數碼港和本地大學，可與再工業化的生態圈重疊。

陳：社會上有各式需要，不同機構亦各有能力和志向，再加上大環境，三者配合就能為香港提供服務。可以分享一下 Lalamove 在科技園的故事嗎?

查：Lalamove 的創辦人 Shing 本是投資銀行家，創辦 Lalamove 前已經嘗試過不同業務，但他認為 Lalamove 更有發展潛力。他結合了市場、人才、資金和技術，創出一番事業，確實是一位出色的年輕人。專注人面辨識的商湯科技（SenseTime）則是另一示例，短短數年間，已躍升為其中一家最有價值的獨角獸企業（估值達到 10 億美元以上的初創企業）。科學園內還有其他出色的科技公司，它們投放大量心血和熱誠發展科技，而這亦成為我的推動力。

陳：如果 Lalamove 和商湯得不到科技園的支持，能否創出現時的佳績?科技園如何幫助有志創業的人士?

查：我們希望創建齊集四大聚群的生態圈，例如發展人面辨識科技的公司，可以與周邊發展其他科技的公司擦出火花，兩家公司合力發展第三種新科技，形成生態圈內的生態圈（an ecosystem within an ecosystem）。

陳：單有夢想，但身邊缺乏人才和資源，還是很難成功。所以，身邊的人對自身的成就有莫大影響。每屆 EMBA 課程在學期末都會安排學生探訪外國，你當年探訪何處?

查：德國。

陳：德國的公司很願意讓外人參訪，只要你從事創科，就會讓你留在那裏埋頭苦幹，甚至會免費提供膳食和辦公室，卻不會要求甚麼回報，其目的就是建立生態圈。因為當你在那裏待了一兩年，有甚麼事情想找人合作時，自然會找那裏的人。

查：科學園這 0.25 平方公里的地方內，就有一萬三千人上班，當中約九千人從事 R&D，生態圈已經成形。如果想加強生態圈，就要「官、產、學、研」四方面配合。近年「官」積極支持創科，令人振奮，單在 InnoHK 項目，政府已投放了 100 億港元。2018 年我出任科技園主席時，在訪問中分享 InnoHK 的願景。當時行政長官期望 InnoHK 在數年內創建五至七個科研中心，結果我們收到六十多份申請，最終計劃開設超過二十個中心，大多是本地大學與外國專業機構的合作項目。我們希望透過這

從事生物醫藥和人工智能及機械人技術、由海外和本地合作的 InnoHK 科研中心將進駐香港科學園擴建計劃第一期。

些科研中心，將學術界的科研成果變成一家公司，並促進大學與科技業界及科研中心的合作，將小圈擴展為大圈。如果 InnoHK 的科技公司或科研中心有效將 R&D 的成果轉化成價值，並以倍計超出政府投放的金額，計劃就算成功。

張：科研人員普遍都埋頭苦幹，極需科學園營造交流的氛圍，才得以將 R&D 產品化及商業化。除了提供平台予科研人員聚首，科學園還有其他促進交流的計劃或項目嗎？

查：我們的 incubation programme（創科培育計劃）有三大主軸：INCU-APP、INCU-TECH 和 INCU-BIO，各為期二至四年，除了提供資助，更會帶領科技公司一同探索以下技巧：pitching（向投資者推銷）、洽商、介紹產品、建立伙伴網絡、proof of concept（概念驗證）等，並透過同儕壓力，推動它們成長，真的有點像上課一樣。

我們的環球創業飛躍學院更會與企業或單位（如機場管理局、銀行、建築公司）合作，讓初創科技公司試行小型的 proof of concept，如果將來想再進行大型的 proof of concept，創新科技署會再提供資助。

陳：今日從事創科固然比以往幸福，不過面對的競爭亦更激烈，變化亦更迅速。**「官、產、學、研」中的「官」負責規劃政策和方向，也有提供資助；致力「研」發後，必須有「產」出，並且與「學」術掛鉤**，不然，「研」和「產」就追不上變化；「學」需要「官」資助研究，但研究成果除了期刊文章外，還有其他「產」出嗎？寡頭「產」業如果缺乏「官、學、研」的支持，同樣不成氣候。所以，要「官、產、學、研」配合並取得平衡，振翅高飛，確實是一門學問。科技園的定位，是「官」、「產」、「學」還是「研」？

查：科技園屬政府全資擁有，是「官」方平台；我除了是科技園主席，亦是其中一家科研中心的主席，所以也有涉獵「研」；而我亦從事工業，絕對和「產」有關；只差「學」。InnoHK 需要「官、產、學、研」四方面結合，才能大放異彩。

陳：就像英文裏的 portfolio（組合），將各項元素拼湊在一起，才能製作漂亮的圖畫。如果只有單方面特別出色，就像一枝豎起的竹，容易掉下來。要成為一座金字塔，甚至將四座金字塔放在一起，才最為穩健。可以分享一下 AIR 的發展現況嗎？

查：這是 InnoHK 的主要 cluster，與生產流程、建築自動化、手術機械人等相關，香港很多教授都專精於此一領域。Health@InnoHK（生物醫藥）一環亦很精彩，有很多國際知名的教授參與其中。

陳：其實這些教授假如專注科學研究，很多都足以競逐諾貝爾獎，像本系列的另一位嘉賓盧煜明教授。不過他們選擇將研究普及化，希望透過創業傳揚成果，惠及更多人。他們並不只是埋首於把「學」做到最尖端，而是平衡「官產學研」。有人認為香港彈丸之地，人口又密集，何需機械人呢？你們為何認為在香港發展 AIR 和生物醫藥別具意義？

查：這兩大 clusters 是政府經過諮詢挑選的。香港雖然地方不大，只是一個城市，卻孕育了數家 QS 世界排名頂尖的大學，而且在科學園和數碼港，很多科技公司的員工都是香港的大學畢業生，他們無可置疑是香港的資產。

・香港的科研優勢・

張：香港雖為彈丸之地，但人才輩出，而且科技先進。數月前疫情忽然嚴峻起來，坊間缺乏口罩，也多得你們默默付出，協助香港人度過難關。

查：面對疫情，大家都反應敏捷。早期就有人聯絡創新及科技局，問我們有沒有地方設置口罩工廠。我們最後將一座位於大埔工業邨的清水工業廠房改建成無塵空間來生產口罩。整個過程只用了三星期，我在工業界任職多年，以我所見那實在是速度驚人，同事的commitment值得肯定。

陳：許多人誤以為生產口罩很簡單，把三層材料黏起來

面對疫情，香港科技園將一座位於大埔工業邨的清水工業廠房改建成無塵空間來生產口罩。圖為大埔工業邨（現已更名為大埔創新園）。

就好。但其實生產環境不理想會污染原材料，產品的品質會有問題。為甚麼要將廠房改建為無塵空間?

查：不同廠家生產口罩的流程不同，有些不要求無塵空間，只需要簡單的負壓房。兩者內部空間所用的過濾方式不一樣，但主要目的都是確保生產環境潔淨。為了達到衛生標準，我們在改建廠房的時候也遇到不少挑戰。

張：既有的生態圈在這種關鍵時刻就很有幫助，可以互相支援。

查：我們跟業界一向緊密聯繫，當他們找我們幫忙，只要是力所能及的，我們都不會拒諸門外。改變設施用途一般都需要通過申請，獲董事會允許投資才能動工，改建本身也有各種技術問題，能在三星期內處理好，真的多得同事同心協力、謹守崗位。

陳：香港本身擁有研發生物科技的優勢，根據 QS 世界大學排名 2021，本港有四家大學排名全球五十強，不斷培育出醫學方面的人才。在本港臨床試驗中心進行的醫學臨床測試更可同時獲美國、歐洲及中國的國家級認證。

查：沒錯，香港有兩家大學是臨床測試的試點，生物科技的教授遂有信心，放膽做實驗。科技園也能提供平台，為各路專才提供進行試驗的地點，不需要因為擔心投資回報率而卻步。

陳：許多人質疑工業在香港的存在意義，疑惑在香港投身科研有否前途。香港作為國際金融中心，對科技發展其實有幫助嗎?

查：當然有，過去兩年，科學園幫助園區公司間接或直接集資超過 200 億港元。我們會用自設的基金去投資這些公司，再帶動其他投資伙伴注資，比例大概是 1:13，即是我們每投資 1 元能帶動 13 元的注資。科學園的品牌有一定保證，對集資絕對有幫助。

陳：除了品牌效應，你們的辦事能力也令人放心。

查：科學園地方不大，但有不同類型的園區公司，工作人口達一萬三千人。人家來了解就知道我們是做實事的人，也就有信心跟我們合作。

張：你在科技園擔任委員四年，包括做了兩年主席，依你所見，科技園接下來有何發展方向?

查：我們在過去兩年的發展不錯，科學園的園區公司從五百多家增至八百多家，受培育的公司也從兩百多家增至四百多家。最大的問題是白石角地方有限，我們需要與不同大學合作，發展園區外的研究基地。我們正與中大、科大洽談，也考慮跟城大、理大、浸大討論合作空間。我們已啟用了在港大的中心，方便本來就在港大工作的同事進行研究。園區亦正申請第二期擴建，會增加約 28,000 平方米，相對現時的 400,000 平方米樓層面積，能帶來額外 7% 的科研空間。而之前科學園第一期擴建計劃也大有幫助，兩座高樓佔了現時園區兩成的樓層面積，為 InnoHK 計劃的科研中心提供許多發展空間。

張：你們的生態圈在香港日漸成熟，會繼而擴展到大灣區嗎?

查：我們希望能幫香港的科技公司透過大灣區、一帶一路走向世界，所以亦正在跟香港駐廣東省的大學據點洽談合作空間。

三座工業邨的新發展方向有幾項指導原則，包括本地工業的輸出、投資、製造高技能就業、先進的製作流程、產品的科技元素、切合本土消費，並要在產品及製作流程加入研究及發展元素。圖為將軍澳工業邨（現已更名為將軍澳創新園）。

陳：你已連任主席，一任兩年，接下來你希望科技園或香港的科技生態能達到甚麼水平？

查：元朗、大埔、將軍澳三個工業邨的翻新工程會盡快完成，幫助企業升級轉型。我希望社會大眾明白我們不是只換個大樓名字而已，而是透過這些改變配合香港再工業化。創新科技署的基金即將出台，以 1,500 萬元最高資助額幫助企業進行再工業化。由於現有工業邨已經飽和，我們正研究能否在香園圍、橫洲等新發展區加建工業邨，也希望進一步擴建白石角的科學園園區。

·人生要觀察時位勢·

陳：你的公職這麼忙，加上家族生意、家庭生活，還有風帆等個人嗜好，你如何從中取得平衡？

查：視乎時位勢，看看甚麼時候適合做甚麼；也不能只集中做某一項，有失平衡。我深信「What to leave in, what to leave out; just keep it simple.」這句話 —— **生帶不來，死帶不走，做人應該輕鬆過活，不要太執着，畢竟世事許多都不由自主。做事要認真投入，不懂就問。現在政府為初創企業提供各樣資助，對創業人士真的很友善，但要成功還是得用心去做。資金再多，才能再高，伙伴再齊全，但要是你沒有 commitment，還是行之不遠。**

張：投入之餘要抱有平常心，才不會輕易被挫折擊倒；亦要懷有感恩之心，不忘曾經幫助你的人。說到感恩，你推薦的書也有關連。

查：我推薦 Mitch Albom（米奇・艾爾邦）的《在天堂遇

見的五個人》(*The Five People You Meet in Heaven*)和《在天堂遇見的下一個人》(*The Next Person You Meet in Heaven*)。人生中有許多人擦身而過,我們可能影響了彼此也不自知。即使是為你帶來麻煩的人,也可能會激發你做得更好,成為你的伯樂。

張:生命影響生命。每個人來到人世間都是為了與別人相遇,都有意義,並非微不足道。我們能與你相遇也實屬緣分,多謝你的分享。現在把時間交給 EMBA 同學。

劉家豪(EMBA 2021 學生):多謝查博士的分享。除了管理福田集團這盤家族生意,你還有許多公職,你怎樣平衡工作和生活?

查:當你的責任越來越多,就越難平衡兩者。要明確區分不同身份,不能混淆,在合適的場合以適當的身份來做事,才能每個角色都盡好本分。

李建豪(EMBA 2020 學生):多謝查博士的分享。政府近年積極推動科研,希望發展高新工業。作為一位成功的企業家、工業家,你有甚麼可以寄語年輕工業家?

查:政府近年大力支持創科工業,現在可謂創科發展的黃金時代。資源多了,辦事自然容易一點。把握這些資源,選好自己的角色,全情投入工作,就能做得起勁。

張:最後請 EMBA 同學為查博士送上一曲。

周君慧(EMBA 2020 學生):感謝分享管理家族生意和成為「磅秤大王」的經歷,你對香港的創科發展真的不遺餘力。我們為你送上 "The Circle Game",知道你也喜歡這首歌。就如歌詞所説,我們要保持小孩般的好奇心,發掘未知的前路。

02 與盧煜明對話

科研是為尋找真相，因此過程要十分嚴謹。即使當下我們無法解決難題，只要我們如實把各種觀察記錄下來，可能二十年後會有人憑着這些記錄找出答案。

盧煜明教授（Dennis），香港中文大學醫學院副院長（研究）。

盧教授於聖若瑟書院畢業後，負笈英國劍橋大學攻讀醫科，及後到牛津大學接受臨床醫學培訓，1989 年取得內外全科醫學士學位。

1997 年，盧教授於母體血漿內發現胎兒的 DNA（去氧核糖核酸），成為無創性產前診斷技術的先驅。此技術已被超過九十個國家廣泛採用。他亦開發多種創新的癌症診斷技術，包括早期鼻咽癌之篩查。盧教授的發明帶來多項知識產權，他亦是數家生物科技公司的聯合創辦人。

左起
張璧賢、陳志邦、盧煜明

統籌　陳志輝教授及中大 EMBA 課程
主持　陳志邦、張璧賢
嘉賓　盧煜明（香港中文大學醫學院副院長（研究））
整理　謝冠東
錄影日期　二〇二〇年五月二十五日

本章重點

自小素描和攝影，打下學醫根基
劍橋和牛津的學醫經歷
從《哈利波特》獲得研究靈感
以培養繼承人為己任
冒感染危險，破解沙士病毒
專利官司的教訓
提升科研人員的歸屬感
怎樣結合科研與商業
前人的啟發和教訓
借助大灣區發展科研

陳：陳志邦
張：張璧賢
盧：盧煜明

·自小素描和攝影，打下學醫根基·

張：壯志高飛需要力氣，今年有幸獲陳志邦教授助陣，和我們一起翱翔天際。陳志邦教授是「斜桿人（slasher）」的表表者，既在大學教書，亦涉獵顧問工作，更是旅行家、作家、好爸爸、好丈夫。然而每天只有二十四小時，你怎樣分配時間以擔任多個角色？

陳：首先要做好時間管理，而且你要做自己喜歡的事，那就有動力騰出時間來。

張：相信今天的嘉賓也很熱愛自己的工作，而且創造出很高的價值。他就是被譽為最接近諾貝爾獎的香港人，無創產檢之父、香港中文大學醫學院副院長盧煜明教授。盧教授大概是我們訪問的第一位科學家。科學好像離我們很遠，但亦有人說科學源於生活，你怎樣看？

盧：科學家做前人所未做的事，但要無中生有亦很困難。歷史上，許多著名科學家都從生活得到啟發。放鬆身心，例如看電影、聽音樂和去旅行，反而可能會得到靈感。

陳：不過，即使面對同一件事，不同人會有不同的領悟和啟發，可見一個人的知識基礎還是會有影響力。

盧：沒錯，**機會只留給有準備的人。只有當腦袋有着合適的土壤，種子來到的時候才能萌生出新鮮的念頭。**

張：你的背景跟你選擇醫學這條路有關嗎？

盧：我在香港土生土長，爸爸是精神科醫生，常常參加學術會議、發表論文。在演講會前，他會在家練習講辭，因此我和弟弟從小就接觸艱深的醫學用語。當年沒有 PowerPoint，我們還會幫他準備演講用的幻燈片。我覺得爸爸心底希望我從醫，所以從小到大他都對我推波助瀾。例如，他知道解剖學很着重對三維空間的感知，就鼓勵我學習素描和攝影，來建立三維空間感，有助日後學習。直到現在，每有新的想法，我都會把它變成影像來闡述。

陳：你本來就對素描、攝影有興趣嗎？

盧：有的。儘管教育的方式一樣，但受眾的性格不同，培育的才能也會不一樣。我性格像爸爸，最後真的當了醫生，但弟弟比較像我媽，最後就當了律師。

張：如果對孩子做了基因排序，對於如何發展他的潛能，可能就會有新發現。（笑）

盧：雖然我的強項是基因圖譜，但我沒有分析過自己的基因。畢竟香港法律在保障基因排序方面的發展較慢，直到最近，香港才有跟基因圖譜有關的計劃，並開始研究相關的法律和保險事宜。

張：爸爸的推波助瀾擴闊了你的思考空間，你現在還喜歡繪畫和攝影嗎？

盧：現在攝影比較多。科學家常會去不同地方開會，我就會帶上相機。以前我會獨個兒留在黑房幾個小時，把照片沖曬出來，倒是有點像做實驗。現今有數碼技術，攝影便容易多了。

·劍橋和牛津的學醫經歷·

張：除了家庭背景，你讀的學校對後來的事業發展有影響嗎？

盧：聖若瑟的校風很自由，學生可以隨意發展自己的興趣。我有幸遇上思想前衛的生物學老師，即使當年的基因技術還在早期發展階段，他都會跟我們分享。這些內容跟課程無關，但我喜歡。有些人比較喜歡讀「雞精」，但內容缺乏脈絡的話，我覺得很難記住重點。所以我寧願閱讀多本談同一個課題的書，領會各位作者不同的觀點和角度，了解得更全面。

張：你當年一開始就打算去英國讀大學嗎？

盧：其實不然，我選大學的時候有考慮過各種選項。我申請了香港大學的醫科、英國劍橋大學的醫科和美國史丹福大學的電機工程學。後來比較想往外面闖，就沒考慮港大。

張：那在醫科跟電機工程學之間，為何選了前者？

盧：爸爸讓我自己選，劍橋的歷史較為悠久，我比較有興趣就選了它的醫科。到了英國，一開始英語是最大的問題。當地人有各式各樣的口音，最初三個月都聽不懂，好像自己不會英語一樣。而且當地中式餐館不多，我一度瘦到只有一百一十磅。

陳：劍橋形容科研是讓學生在熱帶森林任意探索，而不是為學生設計好一個井井有條的花園。你認同這種方式嗎？

盧：如果學校匯聚了全世界最聰明的師生，大家都很有幹勁、很有自覺性，就適宜讓他們自由探索。可是，如果學生比較需要指導，學校就宜集中資源，先選定幾個讓學生發展的領域。就像香港比較小，資源有限，就適合集中發展某些強項。

張：你怎樣在三個月內進步神速？

盧：我接觸不同的同學，又常常聽收音機，熟習他們的口音，慢慢打好根底。幾年後，我發現夢裏的人都會說英語，就知道英語已經成為了自己的一部分。

張：去劍橋升學是很多人夢寐以求的機會，後來你為甚麼轉校去牛津？

盧：在當年的劍橋醫科學制，首三年有二百二十個學位，尾三年只有六十多個，可見升讀四年級時總會有人離開。牛津是個熱門選擇，也有人會選其他大學。

張：牛津的教學模式跟劍橋相似嗎？

盧：劍橋的教授中有 60% 是理科的，40% 是文科的；牛津則剛好相反。而劍橋有二十五家書院；牛津有三十四家。牛津的書院數目較多，但每家的人數會少一點，最大的書院裏可能也只有三名醫科學生，跟在劍橋一家書院就有十三位醫科生很不一樣。雖然書院裏讀醫科的人少，但也代表你可以跟更多不同學科的人交流。我們有高桌晚宴，全書院一起用餐，增加交流的機會。

張：除了鑽研學問，在大學接觸不同的人的確是難得的體驗。在牛津讀完醫科，按理該去當醫生，為甚麼你卻做科學家?

盧：我在牛津讀書時，課餘去做實驗，發現孕婦的血液內有嬰兒的細胞，就覺得自己有責任完成整項研究。所以我當了一年實習醫生就決定回去牛津修讀博士學位，並以此作為研究方向。爸爸當然擔心我再研究下去會浪費時間，但還是支持我的選擇，我很感激。

陳：當時你是有指導教授帶領還是自發去做實驗?

盧：自發。

陳：你怎樣找到做研究的資金?

盧：我聽了一門課，覺得那位教授人很好，就向他請教學術問題，並請求他讓我去他的實驗室學習。

事緣當年有一門技術叫PCR（聚合酶連鎖反應），可以將病毒的DNA（去氧核糖核酸）或RNA（核糖核酸）擴大，用於病毒的快速測試。那門技術在1980年代剛剛出爐，在1992年獲得諾貝爾獎。雖然PCR的發源地是美國，牛津卻有個團隊有幸率先應用此項技術。Sir John Bell（約翰·貝爾爵士）—— 牛津一位很有名望的高級教授 —— 教了我這門技術。得到指點，我就想到將它應用於我的嬰兒研究。

陳：難得你主動求學，才有後來的研究發現呢。

盧：PCR 本來就很敏感，因而會出現假陽性的測試結果。我發現這情況後就寫了一篇論文。有人質疑我只是研究過程不小心才造成假陽性，後來卻證實不是只有我才遇到這種情況，假陽性更成為了一門學問。當年第一位以PCR 為題寫書的作者，還邀請我們撰寫其中一個章節。身為學生，我可謂與有榮焉。

·從《哈利波特》獲得研究靈感·

張：教授在婦產科實習時接觸到「入侵式」產檢，這種產檢有風險，啟發了他思考及研究無創產檢。研究時發現母體血液內存有胎兒細胞，卻因血液中的胎兒細胞太少，以當時的技術難以檢測。在研究路上奔走多年，直至 1994 年在牛津醫學院博士畢業，仍未尋覓出解決方法。長達八年的研究，漫長而又困難重重，到底是甚麼支持你走過那條幽暗的隧道?

盧：我想那源於我並不視科研為一份工作，而是我的嗜好，因此並不那麼看重成敗得失。例如我喜歡打網球，即使技術並非頂尖，但只要我享受這個過程，就會繼續打下去。加上科技日新月異，每當新技術出現，我便會憧憬這能否解決問題。雖然時間很漫長，但在過程中把一塊塊磚頭砌上去，一直慢慢往目標前進，所以不會覺得只是空等。

陳：途中你有沒有遇過挫敗，甚至想放棄?

盧：即使過程中覺得很艱難，我亦會用盡一切方法去尋找答案。但的確曾有一年感到太過困難，轉而從事與治療糖尿病有關的基因研究，以一己所學破解另一個問題，幫助其他人。

張：雖說科研是你的嗜好，但無可否認也是你的事業。科研需要大量資金，那從何而來？當時如何應付生活開支？

盧：讀博士的時候，我幸運地獲得英國醫學基金會 Wellcome Trust 的獎學金，那是一位藥廠老闆過世後，把遺產捐出而成立的。後來獎學金快將用完，正當我打算回港執業之際得到另一筆獎學金，容許我一邊受薪做醫生，一邊聘請一個人協助我做研究。我每天巡房前都會和這位助理見面，五點放工後就去看研究報告。

張：當時生活應該忙得只有工作和研究吧？

盧：我在當時認識了太太，幸好她也是科學家，同樣需要長期埋首實驗室，所以她很明白我。

張：你們平日也會討論科研、生物醫學問題嗎？

盧：我們無所不談，有趣的是我們曾一同發表學術文章。事緣一位讀計算機科學的好朋友將她介紹給我，後來這位朋友擔任我的伴郎，我們三人更一起發表了很有趣的學術文章。它結合了兩個範疇，以 DNA 進行運算。以送包裹為例，如果要送到香港的不同地點（如旺角、佐敦、油麻地等），我們可以以 DNA 計算哪條路線為最短。正常來說，如果要交由電腦運算，便要將每個地點之間的距離輸入到電腦，如要去的地點越多，運算難度便倍增。而在這次純理論的研究中，我們用 DNA 表達由旺角去油麻地的距離、佐敦到油麻地的距離等等，然後將這些 DNA 放到試管，用 enzyme（酶）來將這些 DNA 任意融合，最短的結果也就是最短的運送距離。我們那篇論文探討的是這項技術的限制。

陳：這項技術後來有人應用嗎？

盧：有，這稱為 DNA 運算或分子運算。也有人應用這項技術，把一齣戲存放在 DNA 裏，因為普通電腦只有 1 和 0 兩個位元，但 DNA 有 A、C、T、G 四個位元，因此儲存資料的效能更高。

張：朋友除了閒話家常，原來也能共同發表學術論文。當時八年過去了，是甚麼促使你找到苦苦追求的答案呢？

盧：當時我在牛津已經八年，不得不承認，在同一個崗位周而復始做同樣的工作，將很難走出困局。1997 年，我和太太決定由英國回流香港，可能因為一切都要從頭開始，反而讓我痛下決心，作出新嘗試。

張：我很好奇，97 年前香港正值移民潮，為甚麼你們反其道而行？

盧：其實我和太太每次回香港探親，由尖沙咀眺望維港時都覺得景色很美，我們一直想回來。正因為 97 年前的香港移民潮，本港的大學有意招攬新員工，我們便趁機回流。

張：最為人津津樂道的，就是你在煮即食麵時找到靈感。可否講講這個故事？

盧：剛剛提到我決心作新嘗試。多年來我們都在細胞中找答案而不得要領，我突然想到會否有些 DNA 在細胞外浮游。這個假設其實匪夷所思，當時我也沒有資金可以進行實驗，於是想到把血漿像煮即食麵一樣煮五分鐘。

聽起來很簡單，但科學有時就是以很原始的方法來找出答案，方法越複雜，其結果有時反而禁不起考驗。誰料煮了五分鐘，嬰兒的訊號就出現了。我不敢置信，**以往八年我們都直接丟棄這些血漿，但原來答案就在其中。**

張：有時只要把想法逆轉，就能帶來全新的思維。

盧：對。

張：除了煮即食麵，你在看《哈利波特》時也得到科研的靈感，可否分享一下？

盧：當時我們在血漿裏找到浮游的嬰兒DNA，可以檢測出唐氏綜合症。我希望可以再下一城，把嬰兒的整個基因圖譜排列出來。初時我想不到辦法，直到我和太太去看《哈利波特：混血王子的背叛》。那是3D電影，我們都戴上3D眼鏡，電影一開始就飛出Harry Potter的3D字體，那時我看着「H」，覺得兩豎很像兩條染色體。這兩條染色體分別從嬰兒的父母遺傳而來，那是不是可以用兩條方程式來解碼呢？當時我們一直嘗試用一條方程式但不成功，結果在電影播映期間我都在思考這個問題。回家後我馬上寫下來，電郵給研究團隊，最後成功破解難題。

陳：你如何產生這種聯想？

盧：可能我腦中早已想出潛藏的答案，但看來我無法將答案具體化，直到看見某些影像才產生這些聯想。加上當時我很放鬆，這很重要。

張：在這之後，由實驗成功到臨床應用經歷了多長時間？

盧：檢測唐氏綜合症的概念於 2008 年構思，在 2011 年 1 月完成臨床試驗，同年 10 月正式推出。

張：過程很迅速。現時全球數以千萬計的孕婦不需要接受入侵式檢查去檢測唐氏綜合症，準確度也很高，是嗎?

盧：以唐氏綜合症檢測來說，準確率是 99.7%。

張：科學家一直向前走，現時你正把這項技術應用到癌症診斷，對嗎?

盧：是的，媽媽懷孕跟癌症病人患有腫瘤某程度上相似，嬰兒寄生在媽媽體內，腫瘤寄生在病人體內。嬰兒和腫瘤一樣會把 DNA 留在媽媽或病人的體內，於是我們嘗試把抽取嬰兒 DNA 的技術應用於腫瘤，結果成功，而且能檢測很多種腫瘤。

陳：這和前人在血漿裏發現癌細胞 DNA 的情況雷同。

盧：的確，1996 年科學家在癌症病人的血漿裏發現癌細胞的 DNA，到了 2001 年，應用在嬰兒的技術又可以應用在腫瘤上，所以由 2001 年到現在，腫瘤研究的步伐加快了許多。

張：現時這技術主要可應用在哪幾個領域當中?是否很多癌症都可使用這項檢測?

盧：這項技術可以檢測到五十種不同的癌症。

張：Dennis 的研究成果也帶來各項殊榮。2016 年你獲得未來科學大獎「生命科學獎」，同年你獲頒湯森路透引文桂冠獎。當時你有機會獲得諾貝爾獎，呼聲也很高，你是否也有所期盼?

盧：諾貝爾獎固然是很多科學家心目中的最高殊榮，但過往得主的創舉實在十分傑出，我沒有想像能夠獲獎，只是專注於自己的研究工作。如果評審委員會認為我們在這個領域的努力值得肯定，相信他們會在適當的時候通知我們。

張：希望這天指日可待。在討論科研商業化之前，有請 EMBA 同學發問。

盧煜明分享科研方面的靈感與發現

·以培養繼承人為己任·

文浩基（中大 EMBA 2021 學生）：盧教授可以分享你的管理理念和思考過程嗎？謝謝。

盧：我們的研究團隊有大約六十位同事，採用的是 flat management structure（扁平化組織），沒有階級之分，歡迎員工隨時直接找我討論。**我希望收集最多的靈感，只要同事有靈感，就請立即跟我說。討論的過程是很重要的。再者，一個人無論多聰明，也需要不同領域的人才協助。我們的團隊除了醫生，也有電腦、物理學和數學的專才，那樣才能集各家之大成。**例如最近多了以視像會議的形式開會，是一個很好的學術交流平台。

陳：這讓我想起在劍橋讀工程學博士時，每逢上午十時十五分和下午三時十五分都有飲茶時間，不同學系的博士生會一起休息，討論電影等不同話題。有時會有人提出疑惑，這時茶室的白板就發揮作用，大家集思廣益。這樣的思想交流很重要。

盧：我們有茶水間，內有沙發和白板，也可以讓同事煮食，希望提供家的感覺。我也像在英國時一樣，放一些餅乾在茶室，好讓大家一邊休息一邊討論。

張：就我所知，科學家喜歡自己埋首工作，能夠天馬行空，但要六十人共同實踐一個想法其實不易，你在溝通和管理上有沒有心得？

盧：除了做科學研究外，我認為我的責任是培養繼承者，如果將來能有十個或一百個我，我就能功成身退。幸運地，以往二十年間我們培養了幾位同事，他們都能獨當一面，我們也有繼續合作。

關樹楨（中大 EMBA 之友）：從教授的分享可見，你極具觀察力和想像力，讀書及家庭成長背景培養出你的核心價值，那對日後研究及事業有甚麼幫助?

盧：我父親是個嚴肅而正直的人，這對我影響深遠。科研是為尋找真相，因此過程要十分嚴謹。**即使當下我們無法解決難題，只要我們如實把各種觀察記錄下來，可能二十年後會有人憑着這些記錄找出答案。最重要是這些記錄要準確。**我也常常跟團隊強調這個觀念。

陳：還有其他核心價值嗎?

盧：一定要認可別人的功勞，不能抄襲別人的成果然後歸功於自己。創新也很重要，就像拍電影一樣，跟隨別人的步伐去拍續集很容易，但我們要拍的是能引起轟動的首部曲。

張：創新、創意對科研來説的確很重要。現在為大家送上一首歌，許冠傑的〈鐵塔凌雲〉，帶着一絲鄉愁。

盧：這首歌講述人在異鄉的情懷，歌詞提到富士山、夏威夷和巴黎鐵塔。我們這一代在英國讀書的人當時對這首歌特別有感覺，因為機票和長途電話都很貴，跟家人聯絡不多，所以特別思鄉。

・冒感染危險，破解沙士病毒・

張：今年 Covid-19（新型冠狀病毒）肆虐，而十七年前

(即 2003 年)SARS(非典型肺炎,常被音譯為「沙士」)襲港,雖已事過境遷,但相信大家仍然難以忘懷。盧教授雖然不是傳染病學出身,但他與 SARS 甚有淵源,當年曾率領團隊全力抗疫。現在請盧教授分享這個故事。

盧:2003 年初,時任中大醫學院院長的鍾尚志教授跟我說,在沙田威爾斯親王醫院八樓出現了一種新的傳染病,但不知道是甚麼病毒,他希望我帶領團隊研究這個病毒的 DNA 或 RNA。我並非病毒學出身,上一次接觸病毒學已要追溯到 1986 年,當時我還在劍橋大學讀書。於是,我天真地到佐敦一間書店,購買當年在劍橋讀的那本教科書的最新版本,惡補病毒學知識。接着,心口掛着「勇」字便去抗疫。

那時,由於我還未掌握這個病毒的傳染速度和危險性,不想強迫同事抗疫,所以團隊成員都是自願加入的。當年,我們還未有 P3 實驗室,鍾院長批准我們在一間具備隔離能力的實驗室裏做研究。多得同事們努力不懈,我們成功在十三天內破解這個病毒的基因圖譜,成為亞洲第一個破解 SARS 病毒圖譜的團隊,然後我們利用這個圖譜追蹤 SARS 病毒的傳染路徑。

張:這個圖譜好像有多達三萬個 DNA。對嗎?

盧:是的。

張:你說加入的同事都是志願者,整個團隊一共有多少人?

盧:大約二十多人。

張:你們是不眠不休地研究嗎?

盧：是的，我還記得某一晚凌晨三時，我們決定要衝刺，在第二天早上便成功破解了病毒。

陳：有了圖譜後，你們如何利用它追蹤 patient zero（零號病人）？之後的測試是怎麼做的?

盧：這種病毒在不同的人身上都有些微的轉變。越接近同一個源頭，它們之間的 DNA 排序便越相似，所以你會知道是甲傳給乙、乙傳給丙，照此類推。當時，因為我們的血漿測試技術已很純熟，所以便應用這項技術來檢測 SARS 病毒。那時，我們還提供了診斷服務。到了 6 月左右，香港的疫情已經緩和，但如果我們在晚上發現有檢測結果疑似陽性，也會立即重複測試，以免香港變回疫埠。

張：雖然你心口掛着「勇」字，自願帶領團隊，但也要先得到家人的信任，你如何向另一半或家人解釋你要自我隔離，不眠不休地工作?

盧：那時，我有數月沒有與雙方父母見面，因為我害怕會把 SARS 傳染給他們。這個病毒在五十歲或以上的人當中，死亡率很高，比現在的 Covid-19 還要高。我太太也明白這一點。我如在半夜醒來時咳嗽數聲，也會懷疑自己是否感染了 SARS。我每天留心新聞中的感染數字，真的視自己為這場戰役的一分子，覺得我在 empower 自己（給自己力量），而非坐以待斃受這個病毒凌虐。

張：你是真的在前線打仗。

陳：Dennis 的團隊把血漿測試和 DNA 研究的技術應用在 SARS 病毒的檢測上，這是一個好例子，示範了如何擴闊一種技術的應用層面。

盧：沒錯，這個就是 generic skills（共通能力）的好處，相信在座的商學院同學，也可嘗試把學到的某一種商業技巧應用在另一個範疇，洞察兩者的共通點。這是一種 parallel thinking（平行思考）。

陳：我最近閱讀了一本叫 *Range* 的書，作者提倡學習要闊和深，那樣你便能嘗試把學到的專業知識應用在其他地方。

盧：沒錯，學得闊是重要的。2003 年的我雖然不是病毒學專家，但因為我對這方面略有認識，所以可以透過閱讀來補充知識。要是我對病毒學一無所知，便不能在前線抗疫。

張：最重要是你有一個團隊與你並肩作戰。要在十三天內破解整個基因圖譜，真的絕不容易。當你在嘗試破解的時候，全球也有不同科學家同時在嘗試，與時間競賽是否科研的最大挑戰?

盧：如果有多個單位在做類似的事情，每個單位都會希望成為全球首個發現者，所以競爭性的確存在。當時因為沙田威爾斯醫院是 SARS 首個 epicentre（事發中心），所以除了競爭外，我們還有一份使命感，希望能把事情做好。

·專利官司的教訓·

張：我們在上半節談及，盧教授發現了無創產檢，同一時間，你的好朋友 Stephen Quake 剛好也有相同的發現，你跟他當年在畢業典禮還坐在同一排，可以說說你們的故事嗎？

盧：我跟他可說是不打不相識，他在牛津大學修讀物理，然後在史丹福大學當教授，畢業時我並不認識他。2005年，我接受美國科學雜誌 *Science* 訪問，談論無創產前診斷，他恰好看了那篇文章，認為可以嘗試發展這個領域，所以他的團隊便開始研究起來。自 2007 年起，雙方差不多同時間發表各自的發現，還各自申請了專利權。後來，我們把專利權授予不同的公司，從此我們便需要打很多專利官司，但從中也獲益良多。

說起來，當時香港的科研制度尚未完善。何出此言？要研究無創產檢，我需要一台機器，但在 2007 年，如果你想向大學申請撥款購置一台動輒數百萬元的機器，最大的問題是要全港所有大學首肯，你才可以購入。但其實院校之間也競爭激烈，所以永遠會有院校反對，我記得當時大概花了十個月才買到這台機器。科研是每日爭分奪秒的遊戲，遲了十個月起步可以影響深遠。如果當時不是延誤了十個月，我們往後可能不用這樣吃力打官司。

陳：初創公司也是這樣，**很多時候大家都發展同一個市場，真是達者為先，率先成功的那位便有先行者優勢。**

盧：這能創造品牌效應，你有了一項新產品，便可宣傳你是首個把產品引入市場的人。

張：你當時有甚麼想法？Stephen Quake 看了你的雜誌訪問，才開始發展這個領域，成為你的競爭者。你是最先發現無創產檢的人，卻要跟他打數年官司，可以分享你的感受嗎？

盧：常言道科學家都站在巨人的肩膀上。**很多事情都不**

可能由一己之力完成，而是前人建立了基礎，我們再加深研究，所以我不會認為只有我可以投入這項研究。當然，我覺得 Stephen Quake 的加入也有好處，他加快了這個領域的研究進度。

陳：這是良性競爭。

盧：正如當手機市場有不止一家公司，大家就會加快推出新產品，亦可能會降低售價。我們在 2008 年開始研究無創產檢，如果 Stephen Quake 不跟我們競爭，或許我們不能這麼快在 2011 年便把產品推出市場。

張：但你們的官司好像很糾結。官司是如何落幕的？

盧：雙方一共打了四場官司，我們贏了三場，他贏了一場。和解方案是把各自的專利權放在同一個 pool（總匯），若想利用這些技術，就可以訂購這個 pool。

張：你們能夠和解，受惠的是市民。故事的教訓是否要盡快申請專利?

盧：我從中吸取了教訓。申請專利的第一年只是 provisional patent（暫准專利），一年後你才享有正式專利，在那一年的空窗期，對手可以乘虛而入。所以現在我改變做法，會先申請一個暫准專利，然後再申請另一個暫准專利，之後再把兩者結合，以減少對手乘虛而入的空間。

張：這是血的教訓。就像排隊一樣，你要緊貼前面那人，否則對方就可能找到縫隙來插隊。

·提升科研人員的歸屬感·

張：對科學家來說，科研之路未必可以看到盡頭。若你花了八年時間研究無創產檢，在第七年零九個月才被人乘虛而入，也會感到不是味兒。因此科研須重視速度。除此之外，你覺得科研還有甚麼重要的核心價值？

盧：我認為「創新」很重要，我們不應對自己要求太低，只去複製別人的做法。我曾經看到香港報章這麼寫：「這是香港第一次引入其他地方的科技」，我覺得我們不應滿足於此——**做第一個用家並不夠好，你應該做第一個發明者。**

張：但要創新真的很難，尤其在消費主義的香港，香港人可說比較急功近利。相反，科研的路很漫長，而且不知道最後有沒有成果，要在座每一位投放時間做科研和創新，實在很難。

盧：公司的人力架構應該鼓勵員工這麼做。特區政府已推出一項名為 InnoHK 的計劃，將來政府會向大學購買我們的時間，給我們更多機會做科研。屆時我可能會花 80% 的時間在科研上，我相信這些新計劃會是將來的出路。現時，一名大學教授可能每年除了要授課二百小時，還要兼顧大量行政工作。將來，如果他們可以花更多時間甚至全職做科研，我相信香港的科研進度會大幅提升。

陳：從事科研的教授可否出任公司董事？他可以獲得公司的多少股份？這些規範似乎和英美等地不同，對嗎？

盧：我現在是香港中文大學專利委員會的成員。老實說，如果你為你的發明申請專利，但那個專利卻不屬於你，只屬於大學的話，你很難會有歸屬感。那項專利應該是你的財產，就如你買下的房子一樣，業主的名字是你。所以，我們現時的制度是，如果你在香港中文大學工作期間發明了一項技術，你可以自資其專利申請過程。每項專利的專利費大約是數十萬元，如果全由大學支付，或許你會對它愛理不理；相反，若你自資了數十萬元，便會努力把它轉化成產品，推出市場。我們實行這制度後，情況改善了很多。

陳：在劍橋大學，如果一位教授有了科研成果，並成功進行技術轉移，劍橋大學一定會讓他分一杯羹。

盧：以前，劍橋大學校方根本不會要求獲得任何股份，他們最近才開始這麼做。能夠完全擁有自己的專利權，可以想像那些教授一定很着緊自己的發明。香港的慣例則是大學佔 75%，教授佔 25%。但我們的新制度容許教授自行投資，這樣他們可佔更多股權。

張：如盧教授所言，歸屬感很重要。此外，科研的穩定性是否也很重要?

盧：這關乎科研的質素問題，你要跟從 SOP（Standard Operating Procedures，標準作業程序）來執行，正如公司設有 corporate governance（企業管治架構），我們也有 research governance（研究管治架構）。

張：雖然我們講求速度，但我認為無論是姻緣還是科研，時機也很重要。如果你發現了新領域，但世上的技術未能接軌，或許也難以成功。過早就有所發現，也未必是好事，可以這麼說嗎?

盧：這視乎你的看法，如果歷史是公平的話，數百年後，或許你會被視為先驅，但此刻你可能是受害者。以幹細胞為例，此技術在2012年獲頒諾貝爾獎，得主是日本科學家山中伸彌（Shinya Yamanaka）和劍橋大學的John Gurdon（約翰·格登）教授，其實後者在1962年便發現了幹細胞，五十年後才得獎，如果他沒有那麼長壽，便不能領獎。

陳：因為諾貝爾獎只頒給在世的人，沒有追封的制度。

盧：去年（2019年）憑鋰電池得獎的其中一位教授已九十七歲，所以一位科學家可能要等很久才會獲獎。

張：因此身體健康很重要。格登教授也真的很有前瞻性，五十年前已發現了幹細胞。

·怎樣結合科研與商業·

張：科研要把握時機，你認為香港把科研成果商業化的步伐是快還是慢?

盧：香港應該早一點起步，但我相信永遠也不嫌遲。很多人認為21世紀是生物科技的世紀，正如20世紀是物理學的世紀。本世紀才過了二十年，我們還有很多時間。香港人頭腦靈活，也有膽量去承受風險（take risks），只是比較急性子，急功近利，所以喜歡炒樓、炒股票。如果我們得到適當的栽培或機會，在生物科技界也會有所發展。

陳：可否介紹一些你認為頗熱門、值得研究的生物科技潮流？

盧：Genomics（基因組學）是一個熱門的領域。人類的基因圖譜有三十億個密碼，到了2000年初，科學家才完成繪製第一個圖譜，這過程一共花了十三年時間和三十億美元，但現在我們只需花兩天和數千港元便可完成一個圖譜。

張：兩者相去甚遠。

盧：科研發展可說是一日千里，電腦界的「摩爾定律」（Moore's Law）指出，每十八個月，電腦的運算能力便會雙倍增長。我們現在的基因組合技術進步速度比「摩爾定律」還要快，每十八個月便可能增長三倍，價錢也更便宜。我認為這範疇有很多發展空間：一、可以研究基因組學的醫學應用；二、可以推動電腦方面的應用，很多科研人員相信將來生物界可以推進電腦科技，因為在生物醫學不時需要處理以gigabyte（百萬位元）或terabyte（兆位元）計的數據，這在其他範疇可能較罕見。

張：説到科研人才，我們身旁便有一位科學家，他還同時具備商業頭腦。在我們的認知裏，科學家是在實驗室埋首研究的人，但未必懂得把科研成果商業化。你認為我們可以如何把科研和商業接軌？是否只有政府能夠幫忙？除此之外還有誰能夠幫忙？

盧：這關乎人才培訓。要把科研商業化，除了要有尖端的科學知識，也要找投資者，所以你要有技巧，能夠讓外行人明白複雜的科學概念。另外，在專利權方面，你不能只倚靠律師，這就如同你家要裝修，你也不可以全權交給設計師；寫專利申請書總要自己動手，因此你要具備寫作能力。我們的教育應該培養較為全面的人才。

政府可以怎樣幫忙？首先可建立像科學園這類系統，另外要保障知識產權。當我其中一家初創公司要打一場本地的知識產權官司時，才發現原來全港只有三位資深律師懂得打知識產權官司，如對方聘用了其中一位，我們已沒有多少選擇。即使上庭，法官也未必習慣處理這類官司，因為很少見。如果香港想成為亞洲的科技中心，便需要改善這一點。

陳：你是説生態系統裏有一些客觀條件還未成熟？

盧：沒錯。

陳：法律是其中一方面吧。我是從事天使投資的，十年前沒有人會自稱天使投資者，現在卻不同，所以我們真的需要時間去改變。天使投資者都知道，生物科技需要的資金最多，而且概念最艱深難懂，故投資者都會有點避忌。相反，如果有人要發明應用程式或硬件，天使投資者會較易明白箇中概念，投資金額也不是天文數字。你當時如何解決這個問題？

盧：我只是摸着石頭過河，最初我經驗尚淺，第一次做研究時，大學把我們的技術授權給一間 technology wholesaler（科技批發商）。這些公司專門持有不同地方的知識產權，然後再轉售給其他公司。現在過了二十年，回首過來我們太愚蠢，因為那家公司並沒有為我們的技術增值，只是拿取了我們一部分的收入。現在我的首選必定是自行創業。如果授權給另一家公司，我的控制權會大幅縮小；但如果自己創業，便可以跟着自己的願景去發展。另外，很多人會把技術授權給美國公司，但最終你只是在發展美國的科技生態，而不是貢獻本地的科技生態。我認為我們需要建立自己的科技生態系統。

陳：但要自行創業，難度便更高，因為你真的要親力親為去從事管理。

盧：對，所以我開設第一家公司時便發覺，就某些事項我還是得倚靠自己的學生。其實這也有好處，**我倚靠學生，代表我已展開了建立生態的第一步**，若我們不能提供職位空缺，最優秀的學生也無從投身科研工作。但一旦你踏出了第一步，情況便不同了。

張：科研的土壤的確很重要。除此之外，人才也很重要，你認為科研人員要有甚麼特質？若我是一名醉心科學的年輕人，我要有怎樣的條件才能成為科學家？

盧：我認為首先是心態。為甚麼部分香港尖子會選擇當醫生、律師、會計師等？因為工作穩定，收入有保證。這些並不是企業家或科學家的心態，**我們做科研的，就是想發掘一些前所未見的東西，但那自然無法保證何時才會有發現。所以，我們要尋找的是一些喜歡探險的人。**

張：即是說他們要有冒險精神。

陳：我在大學講授創業多年，發現成績最優秀的學生，往往選讀專業學科。專業是不容有失的，但創業和研究往往要經歷無數的嘗試和失敗，故專業和創業是兩種截然不同的心態。

張：多年的研究生涯中，你遭遇到的最大挫敗是甚麼？你又如何擁抱或克服失敗？

盧：有趣的是，只要我仍是一位科學家，就不算徹底失敗。我經常鼓勵學生，**只要有足夠的實力和努力，即使未能達成最初目標，最終仍有機會獲得其他成就**。可能最初你想研究嬰兒細胞，卻找不到任何結果，但最終總會得到其他科研成果。

張：堅持、熱誠和信心都很重要。

盧：對，切勿將科研視為一份工作。

·前人的啟發和教訓·

張：據説，簡悦威教授是你非常欣賞的科學家?

盧：對，大學時，我讀了簡教授的文章“On a Slow Boat from China”，內容講述他從中國搭乘一艘慢船到美國，展開研究，並發現 DNA 的排序不同，會對人體造成不同影響，此發現極具原創性。簡教授亦是首位獲選為英國皇家學會（The Royal Society）院士的中國人。英國皇家學會於 1660 年創立，院士不乏舉世知名的科學家，如達爾文、牛頓。簡教授也是首位應用 DNA 來進行診斷的科學家，而當時的診斷屬入侵性，我受到啟發，才開始現時的研究。另外，我亦有幸獲簡教授指導，並獲他提名為英國皇家學會院士。

張：你們甚有淵源。科學家不能急功近利，盧教授今天推薦的書籍是一個反面教材，請你介紹一下。

盧：*Bad Blood* 一書講述美國女性 Elizabeth Holmes（伊莉莎白·福爾摩斯）的創業故事。她就讀史丹福大學期間，中途輟學，並創辦了一家公司 Theranos。Holmes 害怕抽血，故想出一個方法：只要刺一下指頭，取一滴血，即可測試心臟病、膽固醇等。Theranos 市值曾達 90 億美元，伊莉莎白亦非常高調，經常接受媒體採訪，並模仿 Steve Jobs（喬布斯）的形象，愛穿黑色樽領衣。

後來，她的研究卻被揭發為騙局。Holmes 為 Theranos 籌得巨款，卻未曾於任何學術會議發表她的技術，而她的首場演說，就在 2016 年美國臨床化學協會（American Association for Clinical Chemistry）的年度會議上發表。我是協會成員，當年亦幫忙籌辦會議。會議約有兩萬人參與，Holmes 演講的場次更是座無虛席，多家大型傳媒如《華爾街日報》（*Wall Street Journal*）、《福布斯》（*Forbes*）亦有報道。由於參與者反應踴躍，我們用 iPad 收集問題，結果收到七百多條提問，但只夠時間回答十條左右。但基本上，她迴避正面回答問題，當大家都對一項名為 Edison 的技術有疑問，她卻把焦點轉移到另一項未曾發表的新技術。

張：很狡猾呢。但又可否說，她是厲害的營銷者？

盧：她有聰明之處，懂得找一些名人（如前國務卿）加入她的董事局，招徠投資者，但那些名人不懂科學。我亦看過有關她的電視節目，留意到不少管理方面的問題。例如，她會將員工 compartmentalize（區隔開來），但我卻希望員工互相了解對方的工作，增加透明度。

張：她用此一方法來掩飾真相。*Bad Blood* 一書由某位記者所著，以反面教材勸大家不要急功近利。速度固然重要，但準確更為重要。今天，盧教授為大家帶來甚麼人生金句？

盧：科學家普遍希望 create legacy（為後世留下一些發明和發現），所以，我視每天為人生在世的最後一天，這樣才會珍惜光陰。

張：這是正面的想法，但反過來會否形成壓力？而享樂主義者又會否認為要及時行樂？

盧：如果志不在 build legacy，或許不適合投身科學。但科學不是留傳後世的唯一途徑，繪畫藝術如梵高的畫作等同樣可以做到。

陳：正面地看，將每天當作最後一天來活，可以無視或跨越很多障礙，想做就馬上去做。

張：盧教授的無創產檢研究，成果豐碩，幫助了很多孕婦和寶寶，在癌症檢測上亦取得突破。未來有甚麼科研發展方向？

盧：現在我會問：「為甚麼？」例如，我們已知血液中會有嬰兒及癌症的 DNA，卻不知道為何會有這種現象。是寶寶傳遞訊號，叫媽媽不要排斥自己？是癌細胞傳遞訊號給身體？我們會探究這些問題。

張：小時候，你喜歡繪畫和攝影，可見對美感有一定追求。如果沒有踏上科研之路，你認為自己會在甚麼領域發展？

盧：閒時我愛冒險和旅遊。工作的話，我接觸過不少律師，發現法律方面的工作需要嚴謹的思考和行文，我也頗感興趣。

張：你混合了父母的 DNA，可能爸爸的 DNA 打勝仗，令你走上醫學之路。說到「無悔今生」，希望大家都努力活好每一天。我們有幸聽到盧教授的精彩分享，亦無悔今天。現在請 EMBA 同學發問。

·借助大灣區發展科研·

鄭世隆（EMBA 2021學生）：盧教授對香港新一代的行政人員有甚麼提點和建議？

盧：之前我創辦癌症基因測試公司時，需要物色一位懂得營商，同時亦懂DNA科技的CEO，但當時無法在香港覓得合適人才，最後聘請了來自矽谷的人擔任CEO。對方在大學本科主修物理，及後於史丹福大學攻讀博士，研究基因。我建議有志在香港或大灣區加入科技公司的行政人員，可考慮培養科技知識，並報讀MBA課程以作準備。

陳：知識面越廣就越有利。

張：你認為科研在大灣區有甚麼發展機遇？

盧：早年我在香港創立無創產檢公司，儘管佔了全港約七成市場份額，但每年香港僅有大約五萬名孕婦，當中的七成仍只是一個小數目。大灣區有六、七千萬人，情況就不同了。如果人口基數不夠多，即使公司具備科技實力，仍然無法擴充規模，故大灣區是重要的。另外，如果有七千萬人做臨床測試，結果必定比七百萬人來得準確。

張：科研人員需要具備甚麼技能，或如何裝備自己，才可到大灣區發展呢？

盧：首先要優化整體規劃。假如創業家想在大灣區創立科技公司，但各市的知識產權法例不一，那會帶來很多挑戰。而我們的對手——三藩市灣區和東京灣區，均有一套完整的系統和條例，相比之下，我們的發展就會因法例不同而受阻。希望未來數年，大灣區與香港在這方面會有所改變。

張：所以不論在知識領域或心態上，均要逐漸融合。

陳斯瑩（EMBA 2021 學生）：我們應如何透過基礎教育，培養學生對科學的興趣，並鼓勵他們將來從事科學研究？

盧：我認為**不能採用高壓式教育，必須避免側重死記硬背，因為那會令學生失去學習興趣。另外我很喜歡聽科學故事，相信人人都喜歡聽故事，所以我們可以從小給孩子多講科學家的故事。**香港學生普遍都了解事實，卻不知道背後的故事。例如很多病症都以人名來命名，我記得在劍橋和牛津讀書時，教授講解柏金遜症，首先會問：「這是誰？」但香港人只知道柏金遜症的症狀，很少知道柏金遜是一個怎樣的人。**透過了解科學家的生平，你會突然有新的體會，故香港應該多推崇有關科學家的書籍。**

張：今天我們就了解到盧教授這位科學家的故事。科學家除了要有熱誠，亦要有耐性，你在科研上投放大量時間和資源，不計成本，而時間是公平的，一分耕耘，就有一分收穫。即使在漫長的研究過程中遇到不少困難，但只要還活着，就未算失敗。最重要是找到興趣所在，才可無悔今生。最後，EMBA 的同學想送一首歌給盧教授。

文浩基（EMBA 2021 學生）：非常感謝盧教授分享科研的經歷與心得，令我們明白，在科研艱辛的路途上，朋友的支持非常重要。我謹代表中文大學 EMBA 送〈朋友〉

一曲給教授，當中一句歌詞，非常適合用來形容教授：「難得知心，幾經風暴，為着科研，不退半步，正是你。」最後，我們再次感謝教授對香港及全球科研界的貢獻。

張：探索科學的歷程看似孤單，但盧教授身邊有很多朋友和團隊，為科研一同努力，希望你喜歡這首歌。

03

與蔡宏興對話

未來的 CEO 要具備靈活性和彈性，不要受舊有思維束縛，故步自封。未來的世界千變萬化，需要以開放的態度，接受不同意見，才能應對瞬息萬變的環境。

蔡宏興（Donald），華懋集團執行董事兼集團行政總裁。

蔡宏興在七兄弟姐妹中排行第六，自小隨家人移民加拿大。1980 年於羅德島設計學院（Rhode Island School of Design, RISD）畢業。1987 年回流香港，曾任 Foster + Partners 董事、香港國際機場建築師及多個赤鱲角基建項目的認可人士。

Donald 是香港建築師學會的資深會員，從事國際房地產投資與開發逾三十年，項目遍及北美、亞洲、國內及香港，對公共和私人發展項目擁有豐富經驗。

2000 年，Donald 加入南豐集團，經歷三代人，一做便是十八年。當別人到六十歲選擇退休享受人生時，他卻另闢戰場，於 2018 年出任華懋集團執行董事兼行政總裁。

左起
張璧賢、陳志輝、蔡宏興

統籌　陳志輝教授及中大 EMBA 課程
主持　陳志輝、張璧賢
嘉賓　蔡宏興（華懋集團執行董事兼集團行政總裁）
整理　謝冠東
錄影日期　二〇二〇年六月二十三日

本章重點

小時熱衷建築設計
先後攻讀設計與建築
培養美的觸覺
早期代表作「中環廣場」
加入 Norman Foster 建築事務所
保育項目「南豐紗廠」
做自己的主宰
華懋的舊傳統與新價值
「以人為本」的心得
地產商的疫情因應之道
鎮定和好學的領導
善用額外的時間
忠於自己便沒有失敗

陳：陳志輝
張：張璧賢
蔡：蔡宏興

・小時熱衷建築設計・

張：陳教授你好。不管公司還是個人，通常每隔五年或十年就會重新規劃。子曰：「三十而立，四十而不惑，五十而知天命，六十而耳順，七十而從心所欲。」陳教授人生經歷廣博，是否也認同在不同階段都會有所領悟，或是心態有所改變？

陳：年紀關係，我個人較着重「六十而耳順」和「七十而從心所欲」吧。我倒想反思，到底為何六十就會「耳順」？「耳順」指的又是甚麼？很多人會認為「耳順」是指耳朵可以順應接收到的電波，明白他人的意思；但我有另一番見解。回想我入讀大學時，被迫上台唱歌，我會的歌並不多，就唱了許冠傑的〈有酒今朝醉〉，歌詞說「行年六十八歲，人哋窒兩句，濕濕碎，我都咕聲吞咗佢」，意思是看待事情變得非常透澈，不再過分緊張、營營役役。「耳順」指聽得懂、聽得順意，就是說你對於很多事情都不再過於緊張在意。

「七十而從心所欲」更難做到。為何人越老反而越能從心所欲呢？其中一種說法是，上了年紀就不會再做錯誤的事，不逾矩，事事規行矩步。我倒有另一種反斗調皮的看法，就是人老了，就明白要如何界定自己的定位、舞台、想法，看待問題時會跟隨自己的心，不在乎別人怎麼看待自己，十分清楚自己的目的地何在；到了最適合的地方之後，人自然就能從心所欲。

因此，**六十歲就要明白世事往往不由自主；人只能控制自己力所能及的事，而不要妄想控制力有不逮的事，例如天要下雨。（笑）到了七十歲，就要好好定位。**

張：所以人在每個階段都會有不同的心態，但有時也很視乎個人特質；有些人可能三十歲就已經從心所欲了。

陳：這些是高人了。這種人從小就從心所欲，參透世情，想得通透。但有時其實只是「英雄有淚不輕彈，只因未到傷心處」，就算是這種英雄，也會哭的，只視乎當時的情景。

張：的確，那只視乎人的心境。到了這個年代，人生階段是否一定要明確劃分年齡界限？二十或四十而立，到底又是否可行？又或是到了六十歲，是否真的要如常人般退休？其實也不一定。就像今天的嘉賓，明明六十歲就應該好好享受，卻竟然選擇另闢戰場，迎接新挑戰。有請蔡宏興先生。

Donald 你好，據悉你由加拿大回流香港，之後從南豐轉戰華懋。你小時候就已移民加拿大，回來時對香港的印象是否已經很模糊？

蔡：我在小四左右移民加拿大，對香港印象最深的是校園生活。當時我就讀一所女子中學的附屬小學。

張：為何會選讀這所學校？

蔡：因為鄰近住家，能夠自行上下課。我已不太記得學習內容，倒是想起後巷裏的小吃店，我每逢小息都會去買零食。大概零食是我當時的精神支柱吧。

陳：你的學校在哪一區?

蔡：跑馬地。

陳：我跟跑馬地也很有淵源。我小學就在跑馬地就讀聖瑪加利男女英文中小學。資料記載你就讀寶血小學，寶血小學的學生，十居其九是女生。你對自己身為女校男生有甚麼感覺?

蔡：其實當時大家都年紀尚小，沒有怎麼區分男女，都可以打成一片。我印象最深的也就是零食了。

陳：零食對你有何意義或啟發?

蔡：我記得當時有一間名為「華苑」的小食店，它的馬豆糕絕對是天下第一美食。我一邊吃的時候，附近就會有馬夫把山光道馬房的馬帶到跑馬地馬場，那時十分熱鬧，在社區裏有各種各樣的事情發生。也因此我特別喜歡城市設計，因為小時候在街上感受深刻。

陳：讓我説一個跑馬地的故事吧。其實我七歲就已經「從心所欲」，非常喜歡玩耍。我一下課就會去踢足球，總是丟下背包外套就開始踢球。某天我們踢球時，突然有一輛車駛過，車上的人下來之後就把我們幾個孩子的東西全數拿走，我們凝神一看，發現是訓導主任黃老師。

這個故事的重點是「人情味」。黃老師回到校務處，致電我母親，請她來學校。母親以為發生了甚麼大事，嚇得腿都軟了。結果她居然問我母親：「妳的兒子為甚麼這麼瘦？」這是因為我們家很窮。本來黃老師想責備我母親，質問她為甚麼我下課後不回家，但後來居然變成了問我母親要否減學費。那個年代就是這樣，每個人都會善待身邊的人，能感受到小鎮溫情。

蔡：是的。如果你常常經過一間商店，店裏的人就會記得你，你們會互相打招呼，社會的確充滿人情味。

張：這種人情味就是香港的味道。雖然現在吃的馬豆糕跟小時候的材料和分量一樣，但孩童時代所吃的味道總是特別難忘。Donald，你小四時移民加拿大後，肯定不止掛念香港的馬豆糕吧？你要重新適應一套新的學習模式、新的環境，又要認識新的朋友。

蔡：言語不通是困難之一。剛到加拿大時，我還說不好英文，實在是很難溝通。幸好加拿大學校的老師都非常關照我，讓我能慢慢融入。當然我有很大的衝擊，我在那邊雖然上公立學校，但學校都有獨立校舍，又有操場，環境之優美真令我意想不到。因此我自小有一個願望，希望將來參與建築校舍，給下一代創造這種美麗的環境，讓他們享受美好的校園生活。

陳：Donald，在這段短時間裏，你就兩次提及建築業。第一次是提到華苑的時候，還有就是剛才說到校舍的時候。你那麼年輕的時候，就已立志加入建造業嗎？

蔡：應該說那時就對「起樓」有興趣吧。當時香港仍較為貧窮，沒有如此優良的環境，到了加拿大見識過後，就會想：如果將來可以從事建造業，築起漂亮的樓房，那就太好了。

·先後攻讀設計與建築·

陳：再讓我談談中環一座大廈的故事。當時我已升讀中學，下課後都是徒步走回家的。走到中環，就會感歎那裏的建築很美。雪廠街有一座聖佐治大廈，我一看到它就不禁幻想，有朝一日如果可以在那裏上班就太好了。我在美國讀完柏克萊加州大學，回到香港找到的第一份工作，仔細一看地址，居然就在雪廠街聖佐治大廈，那是一家美國銀行。這就是有趣之處：**小時候的想法，可能就是一個先兆，讓人踏上一條特定的道路，然後越走越順**。所以千萬別忘了自小接受的薰陶。説不定待會我們也能明白你是怎麼踏上建築路的。你自小就喜歡建築?

蔡：我小時候其實特別喜歡畫畫。

陳：你當時會被責備嗎？罵你不要再畫畫了，趕緊寫作業。

蔡：何止被責備，還會被打手掌。（笑）我上課的時候在書簿上畫畫，就被老師打手掌了。

張：在外國也會這樣體罰嗎?

蔡：在香港而已。

陳：外國的教育是這樣，不管小孩子做甚麼，大人都會覺得好。如果小孩子愛説話，就是活潑；如果小孩子喜歡到處跑，就是精力充沛；如果小孩子安靜，就是可以沉實地觀察世界的變化。外國的成績表上，總是寫着誇獎稱讚的説話。香港則會寫「成績不錯，可是總是不安分」，要家長回去讓小孩再學習規矩。我曾在澳洲朋友的兒子唸書時，觀察那邊的教育方式，發現澳洲老師總是會稱讚每一個小孩，而且成績表上都總有一句讚美，例如小孩喜歡畫畫，就證明他有創造力、過目不忘……諸如此類。**我們長大之後，總是很吝嗇稱讚，不去看別人**

的優點；但當你變得能發掘別人身上的優點，你自然就會「耳順」，能夠看到各式各樣的美。

蔡：的確如此。外國和香港的教育方式真的有所分別。我接受過外國教育，發現外國很鼓勵每一個人發展個人興趣，會給予他們條件去做喜歡做的事情。我在香港讀書時成績不好；而我的兒子也在香港接受教育，他很好動，而如陳教授所說，老師總是讓我好好管教兒子。我們也沒辦法，便早早把兒子送到外國讀書。

張：其實不同的小孩可能適合不同的教育制度，但無論如何，懂得欣賞孩子的優點，不管對大人還是小孩本身都是有益的。也許是因緣際會，你在加拿大受到鼓勵，得以發揮繪畫天分；但假如你留在香港，則可能總被老師責備，甚至還要見家長。然而，到你選擇修讀設計時，家人是否也有微言?

蔡：我的父親想法比較傳統，他認為設計和建築學系都較為虛無飄渺，要建築樓宇應該去讀工程學才比較實在。

張：為甚麼你不選讀工程，要讀設計?

蔡：美感能令我快樂，在繪畫和研習藝術之時，那種美感和空間帶給我安寧的感覺，我感到我更願意投入追隨這個志向。剛才也提到，我希望用我的專業來創造更好的居住或工作環境，給人們利用和享受。

陳：Donald 所說的相當高深，我試用平民化的方式演繹。每做一件事，不可以只學會做那件事的方式。建築的話，要判斷一幢樓宇是否漂亮，並不單純看樓宇的結構或地積比率；樓宇本身也有它的生命，從藝術角度去判斷的話，其實應該把樓宇視為一個個體。

Donald其實算幸運，你身處這個行業，但修讀的本科居然是設計而非建築，那實屬異數。有人可能質疑，到底學習設計有甚麼作用？把樓宇看成藝術品有甚麼必要？藝術品能值多少錢？就算真的值錢，也未必真的能夠興建，倒不如實實在在地讀商科吧。（笑）你當時入讀了非常有名的羅德島設計學院，但在凡夫俗子眼裏，會覺得修讀設計用處不大。家裏到底為甚麼會讓你去那裏唸書呢？你的家境很富裕嗎？

蔡：不是的。當時的學費很昂貴，但幸好學校有一項工作計劃，讓我每周為學校服務約二十小時，賺取零用錢。修讀建築系需要做很多模型，我沒有錢，就只好少做模型，多畫圖紙，減少材料花費。

陳：設計師也要做模型嗎？

蔡：要。只是數量較少。

張：你的第一個學位是設計藝術，但你打算成為建築師。那時你先停讀一年，之後再繼續從心所欲，追尋夢想，修讀建築系。

蔡：是的，我在那一年打工賺取學費，因為不好意思問家裏要錢。獲得建築專業學位後，我在加拿大工作。

陳：你從藝術轉到建築，是否因為最終也覺得有需要腳踏實地呢？

蔡：的確有所關聯。建築當然要實用，最基本的要求是樓宇不能倒塌，但工程師能在這方面幫忙。因此中國、日本和西方各有不同的建築，這是文化的一種延續。

張：就像庭園建築、哥德式建築等，每一種建築都可以反映當地的文化和環境。你終於圓夢，留在加拿大工作，後來又為何回到香港呢？

蔡：我那時候非常幸運，畢業後溫哥華正在準備 1986 年世界博覽會（Universal Exposition），因此我能獲得工作。但在世博會完結後，城市變得過分建設，經濟開始收縮，建築項目減少，我便沒有工作和收入。剛好有一位身處香港的朋友邀請我協助他處理建築項目，因此決定回港。

·培養美的觸覺·

陳：我認為建築師要轉任管理者，需要敏銳的觸覺和文化修養。你提過在加拿大看了不少中文書，像梁羽生、瓊瑤、金庸等人的著作。你認為這些書對於你的文化修養、個人或工作方面有沒有影響？

蔡：這需要感謝姐姐。她修讀文學，熱愛閱讀，家裏也汗牛充棟。我因此有機會接觸梁羽生、瓊瑤、白先勇、於梨華的書。當時我看了很多小說，即使可能看不懂，也先讀了再說，很多書都令我印象深刻。

陳：現在很多人提起「讀書」，第一句就會質疑是否「有用」，意思其實是「在考試裏會出題嗎？」、「讀完這本書考試會變高分嗎？」。而 Donald 提到的書，在人們眼中應該算是用處不大的閒書。

蔡：是的，其實父親不容許我看武俠小說，所以我要偷偷地看。他說那是不務正業。

陳：會否因為你父親小時候沒怎麼讀書，所以格外在乎你的成績？

蔡：他的確非常着緊。父親十四歲就離鄉背井來到香港，總是說如果留在鄉下，早晚會餓死。來到香港後，他不僅要賺錢養活自己，還要寄錢回去給奶奶，一切都得來不易，所以他真的很在乎我們的讀書成績。而我因為嗜好太多，在家裏是最不愛讀書的一個。

張：沒關係，你現在都成為CEO了。（笑）

蔡：當時家裏只有我不專注唸書，寧願看小說等與課本完全無關的書籍。幸好在加拿大不需要寫很多作業。

陳：我比你大一點，所以看的都是《西遊記》、《水滸傳》。想再請教：建築師如果不能達到「美」的境界，基本上無法出人頭地，只是一個普通的、畫圖的人。但要達到「師」這種高手水平，便要對「美」有一種特別的觸覺。我知道這非常難解，但你能否嘗試解釋一下何謂「美」？

蔡：有一種是感官上的美感，在你看待現實世界時所能感受到的美。但美並不限於畫圖或雕刻方面，例如數學也可以用數字製造出感官上的美。像是幾何，會描述圖形的面積或形體，讓人從中感受空間的美感。例如$2 \times \pi \times r$就是圓周或$\pi \times r^2$就是面積，我們可以用數字去描寫二維、三維、四維空間，甚至八維、九維等我們根本無法用肉眼看見的世界，這是非常特別的。

陳：你剛才不是說自己讀書不好嗎？但對這些方程式你琅琅上口。

蔡：我的確不會讀書。

張：那你是甚麼時候開竅的？

蔡：加拿大的教育方式會讓你發展你喜歡的事情。我到了加拿大後，發現自己比同輩更擅長數學，而數學又不太需要死記硬背，可以憑自己理解之後重新組織，對我來說是非常有趣的一科。

陳：擔任適合自己的崗位，就能海闊天空，如魚得水，否則強而行之，只會惹來反效果。因此如果發現事事都不順心，不妨考慮一下轉換環境、角度、社交圈子。

·早期代表作「中環廣場」·

張：提到海闊天空的世界，香港有不少大好機會，讓我們大展拳腳。譬如 Donald 在 1989 年加入信和集團，得到廣闊的空間發揮所長。負責「中環廣場」項目原本是良好契機，實踐過往習得的美學和建築知識；可惜遇上天安門事件，令香港人對這個地方失去信心，為公司帶來重大危機。當時你接下這個重要項目，需要趕快完工，可以分享當中的經歷和困難嗎？

蔡：這是信和、新鴻基和菱電的合作項目，他們在一月以天價投得地皮，但六月就發生天安門事件，一眾老闆不禁緊張起來，要求盡快完成項目。我們整支團隊每天加班，沒有休息，絞盡腦汁，為求盡早完工。大廈最後分三期入伙，目的是盡快獲得收入。結果大家只花了三十四個月，就獲得第一期佔用許可證，即臨時入伙紙，破紀錄完成這項地標工程。

該項目是當時全球最高的混凝土建築物，採用了不少嶄新的建築技術，包括以造橋常用的 Grade 60 混凝土來興建更強壯卻體積較小的柱體，節省了不少空間，增加可出租的面積；雖然物料成本較高，但絕對物有所值。我們當時以增加收入為首要目標，面積越多，租金收入自然越高。而且，使用強化混凝土可以及早拆除支架，縮短建築時間。

陳：你是如何想到這些方法的？這方案來自對天橋的聯想，對於大廈來說並不常見，屬於 unorthodox（不常見、非教條式）的做法。此外，這座大樓的形態也是過往罕見的，當時你希望表達甚麼呢？

蔡：即使遇上重大問題，可行的解決方法仍是五花八門。根據當時香港的建築條例，建築如有部分面積用作公眾用途，便可提高地積比率。這座建築在一樓設有二十四小時開放的天橋網絡，能連接舊區和新區，地下亦設有向公眾開放的公園，達到雙贏局面 —— 一方面能讓公眾享受，另一方面達到可觀的商業價值。

張：時間緊迫下，你們要趕快興建，但相信過程中也遇上需要修正的問題，對嗎？

蔡：是的，我們不能待上蓋設計完成才開始建築。知道需要大概三層的停車地庫後，我們便得知地下要挖多深，繼而可以決定連續牆（diaphragm wall，即把地盤圍起來的混凝土）的厚度。我們的計劃是先興建連續牆，然後開始挖掘地庫，同一時間準備上蓋的設計。此外，一般建築均是直線式建造，從地基、地庫開始向上發展，但我們在挖掘地庫的時候便裝上連接地面的石柱，一邊挖掘地庫，一邊興建大樓。

陳：相信這種知識並非源自學院傳授。你得知了這種方法，是因為人傑地靈，還是機緣巧合？

蔡：我們結合了不同的設計方案和意見，當然老闆要求加快進程，也是一個推動力。

陳：有些人一旦被催促就會容易混亂，有些人反而表現鎮定，你當年的合作班底是怎樣的？似乎大家都能推心置腹，眾志成城。

蔡：我非常幸運，這項目對幾家公司來說都不容有失，因此精銳盡出。我們的建築和顧問團隊都是相關專才，包括曾參與悉尼歌劇院工程的 Ove Arup 工程顧問（現名 Arup）。他們設計的西九項目赫赫有名，對於建築結構和設計有很多想法。

·加入 Norman Foster 建築事務所·

張：除了中環廣場，你的另一項代表作「香港國際機場」亦打破紀錄，對嗎？

蔡：沒錯，1989 年後香港推行「玫瑰園計劃」，包括八大基建和機場，我很幸運能加入 Norman Foster 的 Foster + Partners 建築行。

陳：Norman Foster 是建築大師，不少建築系學生都渴望能見他一面，或跟他拍照留念。你有幸能加入他的公司，為何他會聘用你？

蔡：當時他正尋找擁有 AP（Authorized Person，認可人

士）牌照的香港建築師，即可以「入則」、「簽則」的專業人士，而我剛好擁有這項資格。雖然不少人也具備此一資格，但在交流的時候，他看到我過往的工作，發現彼此的想法接近，因此我獲得這個難能可貴的機會。

張：為甚麼他希望聘請香港本地的員工？

蔡：大概受當時的環境影響。香港國際機場大樓的承建商是BCJ，即由兩家英國、兩家中國和一家日本建築公司聯營，那是為了防止中、英其中一方獨大，同時又能善用日本的技術。

陳：我相信這就是香港人的特質 —— super connector，就是「百搭」的意思，你能結合中西文化，畢竟你在加拿大學習和成長，也在本地完成過一些著名的工程，正正符合他們的需要。他們不是純粹衡量學歷和工作經驗，還要求把中西文化匯合。當時你有擔當中間人的角色嗎？

蔡：我本身較為靈活，本來修讀設計，又能做建築師，也喜歡數學，在技術、建築、工程方面都有濃厚的興趣，喜歡不斷學習和追求新事物，興趣廣泛。這種性格驅使我願意了解不同人的需要，擔起聯絡的工作，盡快讓各方明白彼此的要求。

張：有這種「百搭」特質，你可以促進不同群體互相合作，提高效率。與此同時，你也代表香港人完成了一項「快而準」的工程。根據過往的外國經驗，這樣龐大的工程或要十年時間，但你們的團隊大幅縮短了建造期。

蔡：Norman Foster負責的首個機場項目是倫敦的第三機場，名為倫敦史丹斯提機場（London Stansted Airport），面積是香港機場的三分之一，花了十年時間興建。香港機場花了七年時間。而他接下來的機場項目，就是比香港機場更大的北京首都國際機場，過程只用了四年。可見累積經驗是相當重要的。

·保育項目「南豐紗廠」·

張：Donald 完成了不少大型建築項目，在建築界可謂揮灑自如。那麼你出於甚麼緣由加入南豐呢?

蔡：機場在 1998 年竣工，當年遇上亞洲金融風暴，Norman Foster 的亞洲項目一度停頓，雖然我可以跟隨他到英國開工，但我的家人都在香港，留港會比較方便。碰巧當時南豐地產希望發展業務，機緣巧合下我就加入了。起初也沒想過會在南豐工作十八年，但是南豐創辦人陳廷驊的千金陳慧慧小姐對我很好，所以我一做便是十八年。

張：Donald 在 2000 年加入南豐地產，2004 年升任董事總經理，2018 年才離開。這十八年間，公司內部經歷了三代領導者的變遷；而外在環境方面，從 1998 年起直至你在 2018 年加入華懋集團之前，香港也經歷了不少變化。回顧這十八年，你自身有甚麼改變嗎?

蔡：我初入行時較為自我，我行我素，**後來累積了人生經驗，反而認為自己並不是最重要的，團隊成員能夠快樂並順利完成工作才更重要，做事不能只看自己的意願。做大事的人每逢回首過去，都會發現成功有賴團隊同心協力，不能只憑單打獨鬥。**

陳：正所謂「三十而立，四十而不惑」，當你自立而不惑，便會以天下為己任。起初會堅持自己的做法，不解為何別人不依隨自己的一套，這就是自以為是的階段，要是一直抱着這樣的心態就難以突破自我。到了現在，你學會欣賞他人，正如當時 Norman Foster 決定聘用你，也是因為他看到你能彌補他的不足，所以加以賞識。另外，人生中難免會被人批評，縱使忠言逆耳，但這些指教相當難得。當人到了一定年歲，就會發現與人合作才能取得最佳成果。

張：在南豐的十八年間，你最滿意的項目是哪一個？

蔡：我相信是荃灣的南豐紗廠，這是保育項目。

張：在香港這個彈丸之地，推行保育的成本極為高昂。荃灣區樓價也不低，為甚麼不拆卸紗廠，興建有利可圖的住宅項目，反而保留幾座工廈，實行保育計劃？這個問題值得大家深思，請 Donald 分享你的想法。

蔡：陳小姐及其家人確實很值得我們尊敬。紗廠本來可以重建發展，賺取可觀利潤，但他們希望為香港留下一點回憶。

第四、五、六廠正是陳廷驊先生事業的發源地，他們希望保留這個根，把一部分改建為展覽館，介紹香港紡織業的歷史。**紡織業曾是香港的重要產業，荃灣工廠林立，提供了許多工作機會，是一段美好的回憶。南豐紗廠不僅帶大家回首過去，也向前進發。**雖然紡織生產線已搬離本地，但是其他服務如買賣和設計有的依然在香港進行。為此，在保育紗廠以外，我們添加了新元素，推出創業培育計劃（incubation programme），支援創科、創新的年輕人在這裏創業，以「tech-tile」融合紡織和新科技。**香港若能保留更多這類項目，社會便能加**

深了解本地歷史，也能鼓勵年輕人創業，繼往開來，並透過科技幫助各行各業蓬勃發展。

陳：有人會問我為甚麼花許多時間主持電台節目，相信大家也知道這是不賺錢的，而且需要大量時間準備，但是當人活到一定年歲，做事就不再只以金錢衡量，而是視乎「質」。譬如紡織工業家憑着這份事業養活一家，飛黃騰達，揚名立萬，那便要飲水思源，回顧最初是如何創業的？香港過往的環境是怎樣的？要薪火相傳，我們也希望下一代能了解當年的境況，以及能發揮所長。

人到達某個階段就會有這樣的想法，但也要看機會，要時空配合才會改變想法，開始重「質」更重於「量」。以建築師為例，如果一直只以金錢為先，那麼他的能耐也不過爾爾，未能探索更高層次的質感、美感和文化。當時有沒有人問，為甚麼不建房獲利，而要走看似非牟利的路線？

蔡：我想也有的，可是我們不能過於短視，**現時的商業社會重視品牌，但品牌不是金錢所能換取的，而是取決於品牌的成就。另外，除了自身利益，我們也希望為整體社會帶來經濟回報，創造社區財富。**

陳：某著名作家説過，如果希望別人購買你的產品或喜歡你，重點不在於產品的優點，而是「為何」會生產這樣的商品。以中環廣場為例，外觀固然吸引，但是「為何」會有這種設計？「為何」我花時間在這個地方，而你則花在其他地方呢？能達到「為何」這個層次，品牌就有意義。「為何」要花費幫助年輕人？「為何」要解釋歷史源流，發思古之幽情？做事要達到更高層次，就要講求「理念」。

張：品牌不能光以金錢衡量，南豐紗廠是年輕人創業、孕育設計師的地方，而且建築也非常優美，是不少潮人的打卡勝地。

蔡：很多遊人在中庭打卡，這個位置其實是改建而成的，原本的設計沒有這個空間，但我們希望增加公眾地方，所以就加設中庭和大型樓梯。設計概念是建設公眾廣場，在舉辦活動的時候，讓觀眾可以在不同樓層眺望觀賞。

張：南豐紗廠是南豐集團這品牌的代表作，而另一邊廂，2020 年正好是華懋集團的六十周年，要重新打造品牌，你們希望以怎樣的面貌或形象示人？稍後再談，現在先請 EMBA 同學發問。

·做自己的主宰·

王翊綾（EMBA 2021 學生）：面對現時的疫情，你對行政管理人員有甚麼建議？

蔡：我認為最重要的是團隊團結一致應付這個逆境，**不論任何行業和生意都不會一帆風順，總會面對挫折，但有些企業能成功度過，有些卻不能，差別就在於團隊有沒有齊心應對困難。**

鄧志釗（EMBA 2021 學生）：請問 Donald 對未來的 CEO 有甚麼期望？

蔡：未來的 CEO 要具備靈活性和彈性，不要受舊有思維束縛，故步自封。未來的世界千變萬化，需要以開放的態度，接受不同意見，才能應對瞬息萬變的環境。

張：Donald 挑選了一首歌與我們分享。

蔡：我點播的是 Pink Floyd 主唱的 "Goodbye Blue Sky"。這首歌憶述 Pink Floyd 的童年生活，提及倫敦在第二次世界大戰時被納粹德軍空襲，也談到童真會隨着世界轉變而消逝，提醒我們要有心理準備，世界每分每秒都在改變。歌詞中有一句提到大家為甚麼會逃避「新世界」，指的是納粹德國，而套用到我們身上，就代表最重要是保持思想獨立，做自己生活的主宰。

陳：Donald 的說法也回應了同學的提問。人生會面對不少逆境，雖然疫情嚴重，但也比不上二戰時期倫敦的戰雲密佈。我們也無需驚惶，因為害怕就只會「戰敗」，反而要面無懼色，迎難而上。

張：我則同意童真很容易失去，但有時一塊馬豆糕就能喚醒我們的童年回憶。現在送上 "Goodbye Blue Sky"。

·華懋的舊傳統與新價值·

張：2020 年剛好是華懋集團成立六十周年，要為這個歷史悠久的品牌重新定位，相當有挑戰性。剛才提過六十歲為耳順之年，許多人會享受退休生活，為何 Donald 卻選擇在 2018 年接手華懋這項重大挑戰呢？

蔡：我認為工作最重要是能找到滿足感，華懋給我一個良好的平台，配合自己的價值觀，對社會作出更大貢獻，這是我一直想做的事。

陳：有甚麼誘因令你下定決心，改變過往的「因循」，在六十歲之齡加入華懋？

蔡：根據王太（龔如心女士）的遺願，華懋現時再沒有任何獨立個人股東，亦不屬任何家族持有，集團日後創造的財富，都會用作回饋社會，推動慈善公益項目。這個理念與我的人生觀非常接近，我認為**做人除了改善家境外，還應做得更多，在社會造福人群。**

陳：很多人以往對華懋集團的印象是「實用」，產品堪用即可，不會追求花巧，亦不會花費額外的一分一毫。為何王太的遺願卻與這個理念大相逕庭？

蔡：我認為追求節省和實用是一種美德。至於創造了財富以後，應該用在自己還是他人身上，可能會隨着踏入不同人生階段而有所轉變。我相信王太認為在創造財富後，應該「取諸社會，用諸社會」，這個看法亦很值得我們尊重。

張：你提到華懋集團不再屬於任何獨立股東或家族，這讓你在管理上面對怎樣的挑戰？

蔡：我們強調「三重基線（triple bottom line）」，除了要確保投資有合理回報外，還要注重集團的社會責任；我們需要思考如何為社會帶來正面影響。另一個關鍵是可持續建築，畢竟地球的資源並非無限，我們在營商的同時，也要替後人設想，為地球保育盡一分力。

陳：Donald所說的可用「ESE」的概念來概括。第一個「E」是「Economic」，即是講求經濟效益，要善用資金，獲取合理投資回報，才能維持公司的長遠發展。「S」是「Social」，即在營商的同時，也不要忘記自己的社會責任，別為了利潤而置產品質素或顧客安危於不顧。最後的「E」是「Environmental」，即在盈利的同時，也不要犧牲下一代的權益，要做好環保工作。

我們亦可以用「PPP」來表達這個概念：首先企業要達到「Prosperity」(昌盛)，但也要顧及社區內的「People」(人)，最後要保護我們的「Planet」(地球)。中國傳統文化所說的「修身、齊家、治國、平天下」，亦有異曲同工之妙，我們要從自身開始做好，才能得到天下；而在平定天下以後，亦要確保這一切可以長久維持下去。

張：不論「三重基線」、「ESE」或「PPP」均是崇高的理念，而華懋擁有六十年歷史，面對固有的傳統價值觀，你在推行革新時有否遇上困難?

蔡：我相信華懋六十年的**傳統為這家企業奠定了雄厚的根基，十分值得尊重，但我們也需要以創新的方式呈現這些核心價值。好比現在已經鮮少有人使用毛筆，但這不代表書法不應被保留**。我們很着重新思維和科技，近年亦推行了數碼化，希望改善工作流程，為客人提供更好的服務，但同時仍能保留優良的傳統。

陳：我相信這家企業已踏入了另一階段：當我們尚在掙扎時，往往要用盡一切方法謀生；但當已滿足了自身的需要，就應該嘗試回饋社會。然而，許多企業卻以金錢掛帥，沉迷在數字遊戲之中，忘記了關懷社會裏的其他人。我記得 Donald 曾提及 purpose-driven (目標主導)的觀念，這是華懋固有的核心價值，還是由你引進的?

蔡：我想這有多方面的影響，至於要如何才能有效地達成目標，那就需要社會各方團結合作；若然眾人各持己見，互不相讓，只會窒礙整體的發展。在企業的層面，我們也需要聆聽不同的聲音和意見，把共同的訴求組織起來，帶領大家一起前行。我相信人性本善，大家都在

追求更美好的事物，最重要的是團結一致。

陳：你用甚麼方式與員工溝通，讓大家能夠目標一致？

蔡：我認為溝通是建基於信任，那樣大家才會願意討論不同的意見，然後讓同事明白公司所做的事，能為大家帶來甚麼益處。比如我們會共同訂立 KPI（Key Performance Indicator，關鍵績效指標），透過討論讓員工知道自己能如何幫助公司，公司又能為他們提供甚麼發展空間。若華懋能取得成功，他們也能享受成果。在金錢回報以外，這也能為他們提供更多動力，他們遂願意主動踏前一步，甚至反過來給我們建議。

·「以人為本」的心得·

陳：你曾提及另一項重要原則「以人為本」，你是如何把「目標主導」和「以人為本」兩種價值扣連起來？

蔡：每個人其實都希望獲得賞識，「以人為本」就是要發掘員工的強項，讓他們有發揮潛能的空間，而不是只着眼於他們的短處。

張：我們可以為員工提供金錢誘因或發揮空間，但公司內亦有許多不同持份者，有些可能追求革新，但有些卻不願改變，要取得共識並不容易。某些公司可能會有 war room（心戰室），在房內作出任何決定後，彼此就要一致遵從這個定案。面對眾人各持己見時，你會如何平衡各方？

蔡：我認為最重要的是耐性和溝通。**即使當下強迫大家**

遵從某項決定，眾人心底裏可能也不認同，所以需要透過溝通了解各人的看法，嘗試先進行大家都認同的部分，在事情有進展後，再慢慢討論餘下的細節。

陳：耐心也不是一件容易的事。當你達到一定地位，見多識廣，即使未看見事實的全貌，也能憑經驗猜得八九不離十。當一位資歷尚淺的同事遲遲未能説到重點時，你便很容易不耐煩。但事實上，那位同事可能在專題上花費了大量心力，希望向你詳細解釋箇中細節。奉行「以人為本」政策時，即使感到不耐煩，也要克制自己，細心聆聽。你在這方面有甚麼訣竅嗎？

蔡：我認為如果無法以道理說服他人，責任其實在自己身上，因為是我缺乏說服他人的技巧。**當面對意見不一時，不要總認為是他人的責任，反而應該時常檢討自己，是否有不理想的地方，才導致溝通出現問題。**例如我是否沒有清楚說明，報告應該精簡為上？

陳：你是如何練就這種溝通技巧的？背後是否有甚麼故事？

蔡：從前修讀設計的時候，我們就需要學習接受別人的批評。我們會把作品貼在牆上讓他人點評，然後從批判中學習。這讓我養成了習慣，在長大後也經常自我檢討。

張：你從昔日很有個人看法的小夥子，成長到今天願意放下自我、虛心接納他人意見。我知道你在入主華懋時，公司仍未推行數碼化，甚至並非每一位員工都有自己的電郵帳號，可以談談當時的情況嗎？

蔡：新世代的科技當時確實尚未在華懋普及，但我認為同事並非不懂得運用這些科技，只是公司沒有為他們提供工具，畢竟他們在使用智能手機方面已經出神入化。幸好，正因為我們推行了數碼化，不少同事現在也有手提電腦，能夠於疫情下在家工作，公司的營運也不至停頓。

陳：著名作家Jim Collins有一句名言是「preserve the core」，意思是你需要很清楚自己的核心價值。但要在短時間內掌握整家公司的核心價值並不容易，而這些傳統的價值觀也可能會因時代轉變而變得過時。所以他說我們還要「stimulate progress（促進進步）」，正如鄧小平有言「發展才是硬道理」，在認識了基本的價值後，就要思考如何發展。我深信整個轉變的過程並不容易，你又如何踏出第一步?

蔡：我認為首先要尊重員工的成就；在六十年的歷史裏，華懋創造了很多成功例子，而不少員工都參與其中。我們擁有一些傳統核心價值，例如剛才提及的「實用」，強調物有所值，這些觀念都很值得保留。同時，我們也需要進步，例如拍照是日常生活的重要一環，但現時大家都會用智能手機代替菲林，這也導致柯達品牌的沒落。所以我們在回顧過去六十年的成功時，也要思考自己在未來六十年能夠作出甚麼轉變，才能迎合市場的需要，滿足將來的顧客。

張：在你初入職的時候，相信很多制度都是根深蒂固，例如遲到需要罰款，甚至印刷名片也需要CEO批准。你花了多少時間去改變這些固有傳統?

蔡：公司以前可能仍然貫徹營運工廠的做法，認為員工必須坐在機器面前才有生產力，所以必須準時上班和打卡，如有遲到就必須罰款。**現在我們更着重員工的心態，不想他們因為過度緊張是否準時，而變得張皇失**

措，影響工作表現；反之，我們希望給予他們適當空間，在心情和態度方面準備就緒。所以我們嘗試取消打卡制度，提供彈性上班時間的安排，以觀察員工的效率有否降低。我認為這就是管理者的責任，**我們沒可能時刻監管員工在做甚麼，建立應有的制度及賞罰分明才是最有效的方法**。

·地產商的疫情因應之道·

陳：在順境時並不能看出一家企業有多優秀，相反在逆境時才能見真章。在疫情之下，許多企業都面臨衝擊，你又如何帶領公司走出困境？逆境對你來說是一種機會嗎？

蔡：華懋從前是家族企業，員工也在這裏工作多年，人情味很濃厚。改變經營方式可能會讓大家感到憂慮。本次疫情衝擊下，我們酒店的營業額一落千丈，同事也擔心會遭到裁員或需要放無薪假。有見及此，我們召開會議，向員工說明雖然現在生意不景，但管理層也不希望減薪裁員，以免大家的生活受到影響，並且鼓勵大家集思廣益，共同幫助公司開源節流。員工也十分團結，願意多走一步，讓我們在本地客源方面做出一點成績。在商場業務方面，商場內很多小餐館其實並沒有資源做外賣服務，所以我們提出減租安排以外，還從酒店調配人手，幫助這些小商戶提供外賣服務，以期度過難關。

陳：在疫情之下，你們如何吸納本地客源？

蔡：我們知道很多返港人士或其家屬需要接受隔離，所以華懋的如心南灣海景酒店是最早接受自願隔離人士的酒店之一。酒店員工起初可能會有疑慮，我們便特意請來專家講解病毒的傳染途徑，同時提供設施讓員工保持個人衛生，甚至引進機械人送餐服務，減少人與人之間的病毒傳播風險；務求在服務客人之餘，亦為員工提供安全的工作環境。

陳：引入機械人技術看似簡單，其實不然。首先，你要有使用機械人的念頭；第二，你需要知道有相關的技術，並及時測試和引進它們。你當時遇到的最大困難是甚麼?

蔡：我是香港科學園的董事會成員，知道有初創公司正進行機械人研究，所以便提出合作建議，嘗試讓他們改良機械人，為我們提供送餐服務。這次合作也讓這家初創企業有機會初試啼聲，在打響名堂後更收到不少訂單。

張：疫情之下，你們積極求變，與員工共渡時艱。除了酒店業務，疫情有否為你們的其他業務帶來契機?

蔡：以地產發展業務為例，多年來住宅設計其實無甚進步，甚至略有退步。例如從前我們會採用「明廁」的設計，為洗手間裝上窗戶，但近年卻改為「黑廁」，連窗戶也省去。因應疫情，人們的衛生意識和要求開始提高，對「明廁」設計的需求也增加，這驅使我們更着重洗手間的通風和去水能力，改善設計，提供更健康的產品。

香港亦面臨人口老化問題，將來港人對生活空間的需求可能有所不同，但現時卻很少住宅針對長者市場。有見及此，我們在觀塘安達臣道的住宅項目嘗試擴闊走廊，並把洗手間建得更寬敞，同時不再採用浴缸，以免老人家在跨越時有跌倒的風險。**每當看到市場有需求，我們就應該思考如何改善現有產品來迎合。**

陳：我們可以看到華懋集團的「以人為本」，並不只以同事為本，同時也以客人為本。如之前所言，華懋集團過往較為偏向以工廠形式營運，在時代轉變和疫情之下，你們的辦公室又會如何轉型？

蔡：我覺得將來的辦公室會有頗大的轉變。之前有很多公司把不同部門集合起來，搬回總公司。可是經過這次疫情，大家發現這不是最理想的做法，將會再次把員工分散至不同的辦公地點，所以辦公室的安排也會有所不同。將來寫字樓會否只位處中環呢？應該不會。因為有很多人說：「我可以搬到香港東，或九龍東。」其實那在疫情前已經發生，因為租金有差距，大家希望節省，而疫情後應該還會加速。另外也會更常利用 Zoom 或 Microsoft Teams 取代面對面會議。

·鎮定和好學的領導·

陳：你一路娓娓道來，好像對任何困難都無所畏懼。相信一般人已嚇得冷汗直冒。單說酒店業務，已令人擔心不已。你是如何保持處變不驚的？

蔡：路上一定會遇見困難，退縮的話，就必然以失敗收場。相反，你越能鎮定地了解問題所在，便越能找到一個解決困難的機會，反而可能扭轉劣勢。經驗也告訴我：遇見困難不要緊，自己解決不了也不要緊，找有相關知識的人合力解決吧。

陳：因為他們能帶來不同的角度。以前聽過一個故事：有一個人看不見，另一個則行動不便，他們遇上火災，本以為兩個人都有殘疾，恐怕凶多吉少。如果兩人都被恐懼吞沒，坐以待斃，就一定沒有生路，但他們說：「別怕，先想想問題是甚麼。」問題是你走不動，但我走得動；你看不到，但我看得到；搞清楚後，形勢突然便從萬念俱灰變成有一線生機 —— 只要二人合作，便能逃出生天。不同的人都發揮所長，就能達到漂亮的成果。在公司裏，那些對公司歷史瞭如指掌的人也是重要的。他們並不是包袱，反而是個資料庫，知道每一件事的來龍去脈。我們要人盡其才，不必經常提心吊膽。

蔡：團隊的重要性，就在於人們各有所長。若團隊成員都能發揮長處，那遠遠比單獨一個人走得更遠，做得更好。

張：Donald 的心口掛着「勇」字，就算面對疫情，也全心思考如何迎難而上。

蔡：這也是領導必備的特質，如果大家看到領導很慌張，就會紛紛失去信心。

張：華懋過去經歷了很多風雨，你願意接手真的是掛着一個「勇」字，就像我今天看見你，總是從容不迫。但是要把品牌重新定位並不容易。2020 年是華懋的六十周年，你如何改造這個品牌?

蔡：第一，很重要的是像教授剛才所說，讓市民大眾知道我們有更高遠的目標，並不是只顧增進自己的財富，而是有理念、有目標，真的希望為社會做一些好事。第二，在服務和產品方面，我們追求高質素，從而給用家和社會更好的價值。這些目標令我們的產品深入民心，也令我們的價值觀廣獲認同。

張：你興建了多座香港的地標，並先後在南豐與華懋擔任管理層，從中學到哪些管理知識？你覺得自己是一位怎樣的領導？

蔡：我是一個虛心的領導，不會自認為甚麼都懂。每一位同事都有一些事情可以教我，那令我很開心。若有一天，你不再覺得有需要學習的事情，真的會很悶。

陳：我們不要再說他是另闢「戰場」，因為他說「開心」，那麼不如說另闢「遊樂場」。是遊樂場還是戰場，全在一念之間。「從心所欲」是甚麼意思？你覺得同事不開心，你便想「啊，很多人都不開心」，不過你的來臨，令很多同事採納了新思維、新想法，變成一個遊樂場，那豈不是美事？其實路途是否暢順，並不在於有沒有沙石、有沒有危險，而是在於心態。你有這個想法很好，特別是身為領導，如果心態不正面，一定無法繼續領導；正面的話，就能一步一步走下去。在百人之中，總有五至十人聽得懂你的意思，所以只要你先做下去，就能起示範作用。其實最重要的是身教。

蔡：這的確很重要。只憑口說是沒有用的，一定要透過行動，讓別人看到你提倡的價值。這就是「身體力行」，話說得再多，若別人看見你做相反的事，也不會信任你。

·善用額外的時間·

張：Donald 為我們選來的金句，也是你身體力行的證明，是嗎？

蔡：對，我的理念是「天無百日晴，未雨綢繆」。人生有很多轉折，大家要做好心理準備。第二是「虛心求卓越，

止於至善」，希望大家會對完美有所追求。

張：你也帶來兩本書跟我們分享。

蔡：第一本是 *The Hard Thing about Hard Things*。作者 Ben Horowitz 在書中自述創業路上遇過的各種失敗事件。EMBA 的同學若想創業，絕對值得一讀。即使遇上挫敗，作者也從不放棄，繼續努力。2007 年，他把公司轉售給 HP，作價高達 17 億美元，非常成功，而在一年前他卻幾乎面臨破產。

陳：有人問一位著名醫師：「有多少病人死在你的手中？」他如答一個也沒有，那也並不正確。病人返魂乏術，當然令人不快，但也要反省：「這個個案若從頭再來，結果會否不同？」這就是偉大的想法，人總有出錯的時候，關鍵在於能否從失敗中學習。曾有人找我，說想入讀本學系，我請他給我一個理由。他說曾做六宗生意，四宗失敗。我問：「你失敗了四次，為何我還要取錄你？」他答：「如果你不取錄我，剩下那兩門生意也會失敗。」這種反省和求進的態度很值得欣賞。

蔡：每次遇上失敗，都不要視之為失敗，那是學習機會。

陳：第二本書是甚麼？

蔡：第二本是我在倫敦商學院讀書時，其中兩位教授 Lynda Gratton 和 Andrew Scott 所寫的 *The 100-Year Life*。書中說人的壽命在第二次世界大戰後不斷延長，以前的平均年齡就算在發達國家也可能只有七十歲，現在即使一百歲也不罕見。在這額外的三十年，我們可以多做很多事情。以前的說法是：我們有三個人生階段——學習、工作、退休。可是，將來多了時間，可能會在工作途中再回去學習，亦可以再創另一門事業；或是讀書後不必馬上工作，可以先享受人生，尋找自己的方向。這對將來的社會和經濟都會大有影響，因為可能會有很多不同世代一起工作。如想洞悉未來的變化，大家可看看這本書，並思考如果有一百歲，會如何利用這些時間。

張：正如 Donald 所說，我們的人生是否必須先學習，再工作，然後退休？退休後又可否再學習和工作？那是可以的。像 Donald 六十歲後仍能再創事業高峰，繼續在社會發光發熱。很多謝你的分享，現在請 EMBA 同學與嘉賓對話。

·忠於自己便沒有失敗·

陳翠珊（EMBA 2021 學生）：很多謝你的分享，聽了你的成功經驗，想請問你在人生路上有沒有遇上一些困難或難忘的失敗經驗，以及如何克服？

蔡：我想這是心理問題，**你若覺得某件事情屬於失敗，它就自然是失敗的。你如果連九十分也不滿意，便會覺得那是失敗，但有些人覺得五十分已是成功。在我的角度，總而言之我做了自己該做的事，盡了力，不管結果如何，也不代表我是失敗還是成功。外人可能會評價 Donald 做得差或者好，但我覺得盡了力，便等同忠於自己，那便沒有失敗。**我們不能自欺欺人，捫心自問有否盡力，有沒有做自己想做的事？

楊振宇（EMBA 2021 學生）：現時香港的環境錯綜複雜，受眾眾多，各有不同要求，你會如何取得平衡，同時不會讓自己的偏好影響決定？謝謝。

蔡宏興與現場的 EMBA 同學交流

蔡：我們要了解世界是多元的，它的美妙之處就在於人人都有不同的看法，就像有些人喜歡古典藝術，有些人喜歡抽象派、現代派，每項事物各有不同的美感和優點，我們需要去了解和學習。如果過於主觀，便會錯過世上很多美好的事物。

陳慧詩（EMBA 2021 學生）：我也是華懋的同事，首先想感謝華懋幫助我，讓我就讀中大 EMBA。在 Donald 帶領及同事努力下，華懋不斷演進。我想問在過程中，哪件事是你最感欣慰、最滿足的，哪件事則最具挑戰性，要繼續努力？

蔡：在華懋上班我是很高興的，因為有很多同事真真正正為公司着想，想一起幫助公司發展得更好，願意改變和學習。就正如這位同事再去讀書，跟陳教授學習一樣，這並不容易，因為工作壓力已經不小，還要深造，真的很講求恆心，這令我很高興。我們塑造了公司的文化，同事都會尋求進步。

不如意的事也總會遇到，例如在疫情影響下，**很多事情都要步步為營，因為市場改變了，不是我們過往所熟悉的。這是對我們的一項考驗，考驗我們的團隊處理這些問題的能力。這次疫情一定不會是最後一個危機，未來的考驗仍會接踵而至，我們要不停學習和努力，那樣即使將來面對任何逆境，都會有能力化解。這就是把危機轉化為學習機會。**

鄭麗萍（EMBA 2021 學生）：很感謝你的分享。你的人生有很多轉變，在每次轉變中，你是抱持怎樣的心態？人有惰性，若同事或管理層不願轉變，你會怎樣發揮智慧去推動他們？

蔡：我自己也有惰性。但做人不要失去好奇心，那是其中一種推動力。只要對某些事情仍感興趣，便自然希望多了解一點，之後便可能會改變自己的生活習慣或對事物的看法。**假如你對每一件事仍有好奇心，便不會覺得改變是一種困難，反而希望有所轉變，因為那能讓你更了解到人生的多元，令人生更為美滿。**

張：所以心態很重要。究竟你要把事情視為失敗，還是另一個學習機會？你要問自己。很感謝今日的嘉賓：華懋集團總裁蔡宏興 Donald。最後請 EMBA 同學為嘉賓送上一曲。

王翊綾（EMBA 2021 學生）：很榮幸邀得 Donald 分享你的故事和管理心得。Donald 立志追求美和善，運用管理新思維，推出與時並進的產品和服務，推動社區進步。你教我們莫以悲觀的情緒遮掩藍天，而應將每一個挑戰轉化為精煉人生的力量，我代表 EMBA 同學感謝你。今

日為你送上 "Imagine"，歌詞有云「Imagine all the people, sharing all the world and the world will be as one.」，大意是當我們放棄小我，摒棄傳統觀念的束縛，便可以和平相處，活出大愛。期望 Donald 帶領華懋更上一層樓，再次感謝你的分享。

04
與黎章詩對話

與其只擔心自己，倒不如從員工的角度出發，為他們着想。只要能建立愉快的工作環境，提供公平的賞罰機制，願意向他們虛心聆聽和學習，員工便會投入和付出，造就你和整個團隊的成功。

黎韋詩（Randy），香港麥當勞行政總裁。

土生土長的黎韋詩，於加拿大西安大略大學完成經濟系學士學位，返回香港後，曾任職 Microsoft（微軟）及 Nike，但因念念不忘兒時開生日會的回憶，1998 年自薦加入麥當勞。

當年，麥當勞進軍內地不久，Randy 二話不說答應做「開荒牛」，從市場策劃主任做起。2005 年回流香港，晉升為市場策劃總監。2010 年成為首位出任新加坡麥當勞董事總經理的女性。一年後重返香港，成為香港麥當勞第一位本土行政總裁兼首名女性領軍人物。當時 Randy 還未到四十歲。

左起
張璧賢、潘嘉陽、黎韋詩

統籌 陳志輝教授及中大 EMBA 課程
主持 潘嘉陽、張璧賢
嘉賓 黎韋詩（香港麥當勞行政總裁）
整理 謝冠東
錄影日期 二〇二〇年六月三日

本章重點

在微軟和 Nike 的學習
與麥當勞結緣，來自小時候生日派對
在分店從低做起，了解前線
香港麥當勞的金三角
靠跑步化解哀愁
「麥麥送」賦予公司抗疫能力
包容「麥難民」，履行社會責任
行政總裁的巡舖心得
管理層的決策方式
在新時代鼓勵更多同事發聲
不被過去規限自己

潘：潘嘉陽
張：張璧賢
黎：黎韋詩

・在微軟和 Nike 的學習・

張：歡迎大家收聽和收看《與 CEO 對話：2020 壯志高飛》。潘嘉陽教授，你好。如果有留意香港電台第一台的《管理新思維》，想必對我身邊的潘嘉陽毫不陌生。他除了教書，對品牌管理也富有心得。潘教授有一個外號，叫「Professor 24.5（教授 24.5）」。那是怎樣來的？

潘：很簡單，24.5 就是一個歲數。在任何時候，我們也要保持心境年輕，並對學習有激情。

張：我們女士也一樣，除了追求外貌年輕外，心態年輕也很重要。在這一點，潘教授與今天的嘉賓很相似，因為嘉賓曾在一個訪問裏說，她每一天都保持着恍如第一天上班的感覺，以開放的心態學習和接受新事物。她是我們這個節目本年度唯一一位女 CEO，歡迎今集的嘉賓 Randy 黎韋詩。你好。

每一天都想像自己是第一天上班真的不易，很多人反而會想：啊，如果能早點退休就好了。Randy 現在是否仍保持着這種心境呢？

黎：絕對是的。因為我很喜歡麥當勞這個品牌，所以每天都會思考如何做得更好、如何為顧客和員工多做一點。每天遇上不同挑戰，就像每天都在做一份新工作。

潘：請 Randy 談談如何跟麥當勞結緣。

黎：我跟很多香港人一樣，是和麥當勞一起長大的，小時候曾在麥當勞舉辦生日會。麥當勞收費合理，服務又相對不錯，令我留下深刻印象。因為自小對這個品牌有感覺，長大後就想在這裏上班，希望能把過去得到的快樂，帶給下一代的小孩。

張：不過這段緣分也有點波折，畢業後你先在另外兩家大公司從事市場營銷，對嗎?

黎：對。我很幸運，在加拿大畢業後回港，第一份工作就是任職微軟。當時是 1995 年，剛好推出 Windows 95，我幫忙做 event marketing（活動營銷）。那時，微軟創辦人兼時任行政總裁 Bill Gates 曾來港介紹這項產品，我們有機會一睹他的風采；我當時只是初級職員，只能遠遠地看，但已經很開心。在過程裏也學會了如何營銷，這方面微軟實在做得很好。

潘：在營銷方面，我們都想向 Bill Gates 那樣的大師學習。能舉出一件你在微軟學會的事嗎?

黎：進行銷售預估時一定要推陳出新，不可以古板地採用舊有的思維模式。還記得當時有 floppy disk（磁碟）和 CD（光碟），而磁碟比較流行。我們推出 Windows 95 前進行預估，也以為人人都有磁碟機，便多訂購磁碟，可是最後更受歡迎的是光碟。我學會的是，**當你做銷售預估時，千萬別從今天的想法出發，應該思考顧客未來消費行為的轉變和趨勢，從而進行準確的估算。**

潘：其實這也是創新的動力。

張：然後你加入了 Nike，在那兒又學會了甚麼？

黎：我又十分幸運，在 Nike 負責地區業務，有機會參與多項國際體壇盛事。人在外地，要懂得隨機應變，這也是市場營銷的一項重要技巧，切忌一成不變。**雖然已經預估了所有事情，但是在現場或現實環境下，每分每秒都要有 Plan B（計劃 B），為變局做好準備。**

潘：這些經驗為 Randy 建立了基礎。能到不同區域出差，證明你具備適應力。不同區域可能文化不同，所以你要隨機應變。

・與麥當勞結緣，來自小時候生日派對・

張：説到「變」，你很快便蟬過別枝，加入第三家公司，至今工作了二十二年。剛才也說了，這是你的童年夢想。不過夢想歸夢想，現實歸現實，你如何與它相遇？是看到招聘廣告嗎？

黎：其實我是用 cold call（未被邀請下致電）得到這份工作的。我從《黃頁》找到麥當勞公司總部的電話，然後致電，並直接找市場部主管，請求見面，希望可以自薦。我很幸運，當時的主管是澳洲人，思想開明，邀請我到公司聊天。其後他說：「Randy，我們可以聘請你，不過麥當勞香港暫時沒有空缺，你願意到麥當勞中國嗎？」我二話不說，馬上答應。簽約的時候，他才問我：「你會普通話嗎？」幸好我會，從此開展了我的麥當勞事業。

潘：從這個故事我體會到你膽大心細、別具誠意，怎可能不聘請你?

張：而且聽說你們見面時並非一般的你問我答。你準備充足，對嗎?

黎：是的，我必須珍惜別人賜予的機會，所以到公司面試時，我準備了自己的履歷和一份計劃書。當時香港麥當勞剛開設網站，我談到如果我接手的話，會如何改進它。這樣對方便覺得你有備而來，對品牌亦頗為熟悉，應該是個好人選。

張：大家真的要向你學習，你向一個不一定會聘請你的僱主呈交計劃書，這番準備和誠意已很充足。你當時給了甚麼建議?

黎：我還記得當時在家用木顏色筆把網頁的頁面畫出來，並說：「作為顧客，我期望在這兒看到甚麼，如何瀏覽，如何找到資料，以及希望能有甚麼驚喜。」上司回應：「不如就請你操刀吧！」就這樣開始了。

潘：你的上司也很厲害，知道你一接手便能水到渠成。

黎：他見我誠意十足，太熱情了，非聘用不可。

張：說到在內地工作，那時是 1998 年。可以選擇的話，我們都會覺得留在香港較為輕鬆自在。但是你一個女生要到內地工作，當時有沒有擔心?

黎：可能也有一點，但當時已經不懂得怕，因為可以投效心儀的公司。麥當勞在中國才剛起步，有很多新機會，看到的東西跟留在香港是截然不同的。我有機會前往一些從沒想過會踏足的地方，例如湖南、武漢、西

安——以當年來說，這些地方都很遙遠。這些經驗改變了我的人生，我認識了很多新朋友，了解他們的文化和背景，到今天仍然十分有用。

張：在1998年的時候，有些國內城市可能甚至沒有聽聞過麥當勞這個品牌，是嗎？

黎：是的，我記得當年我們拍了一個廣告，結尾一幕是一位公公用筷子夾起薯條，也就是我們嘗試讓一個西方品牌融入中國文化。通常來麥當勞的都是小孩，但這一幕說明連長者也願意嘗試吃麥當勞。

潘：推廣真的不容易，我想在1990年代，漢堡包對中國大陸的朋友而言真的很新鮮。

黎：但回想過來，麥當勞於1975年踏足香港的時候，香港同樣沒有西式快餐的文化。當時的想法是：「如果當年在香港做得到，在世界任何一個角落也應該辦得到。」

張：你在內地工作了六年，有沒有難忘的經歷？又能否把當時的經驗帶到香港？

黎：其實當時中國麥當勞的團隊較小，因為才剛成立，所以不像香港般發展成熟。在大陸，部門與職位沒有如此分明，即使我是市場部的，可能也要兼顧地產部及供應鏈。我們雖是初級員工，但是有機會向多位前輩學習，打下了根基，不僅吸取了市場推廣的知識，更學會了一點管理。這份經驗令我更了解商業策略，和一般的市場部同事有點分別。

潘：從此可見，除了職銜上的分內事，**我們可以盡量多踏出兩步，做點別的工種，從而充實自己。這很重要。**

張：千萬別斤斤計較，説這些工作沒有註明於職位描述，怎麼房地產又要我負責等等。我們跟 Randy 談下來，沒有聽過她説一句「不」，甚麼都説「好」，可説是掛着一個「勇」字。

黎：是的。我想也是這份精神，令我有幸擔當今天的崗位。

張：Randy 在內地做了六年，回港後是更上一層樓，還是涉獵新項目?

黎：2005 年回港後，我正式成為香港麥當勞的市場部總管。印象最深刻的是在 2007 年推出了二十四小時服務。當時遇上很多衝擊，雖然我們預見到這個市場需要，但是營運部的同事會認為：「我們每天工作已很辛苦，還要再上通宵班？」要用不同方法向他們解釋。那時許多人都以為：「晚上開店幹甚麼？根本不會有生意。」可是很幸運，推出後證實真的有市場。到今天，我們仍是唯一一家提供二十四小時服務的連鎖餐廳，對此引以為傲。

張：是的。當時你為何會有這股勇氣？食肆營運有電力等基本開支，晚上夜闌人靜，大多數人都睡了，為何你會覺得這門生意可行?

黎：這就像剛才談的磁碟與光碟的故事，你不可以按今天的現況來估計銷售狀況，我們要加上 foresight（遠見）。我們看到香港有些人會上通宵班；而當時卡拉 OK 和酒吧越發盛行，有些朋友晚上玩樂後會餓，想找點吃的；還有人因工作需要早起，像護士或報紙派送員，於是凌晨四時也是有市場的。二十四小時營運幫助了很多人充飢，甚受歡迎。

潘：回應剛才 Melissa 所說的營運成本，其實香港租金高昂，所以應該盡用二十四小時，對嗎？

黎：教授真厲害，這的確是個因素。

張：這樣就不會浪費寸金尺土了。這也是你從事市場部的五年裏，其中一項代表作。

·在分店從低做起，了解前線·

張：可能因為賞識你的努力和創意，某天老闆問你：「你的人生有不同選擇，可以繼續在市場部發展，也可以向管理方面邁步。」你最後如何抉擇？

黎：我本來負責香港市場部，後來他問我會否想主管亞太區市場部，但我馬上就選擇轉職管理。我想試一試，希望更全面地貼近市場的實際營運工作。

張：但是之後有一項試練。話說你選擇做管理後，有一天被安排到其中一間分店，從最低層、最前線的工作做起，包括炸薯條、疊砌漢堡包、抹桌子和為婆婆倒水等，基本上甚麼都要做，而那時你已是一位 VP（副總裁），對嗎？

黎：對。

張：但是你的同事都不知道你的真正身份。而你每天默默工作，上夜班的是你，早上開門的也是你。如果設有限期，例如上司對你說：「做三個月後便升職。」那倒還好。可是，做着做着，竟然不止三個月，而是三個月又

晉升成管理層前，黎韋詩曾花一年時間在餐廳特訓，從最低層的工作做起，深入了解前線營運。

三個月，再三個月和三個月。這時可能會有些忐忑。回顧那一年，Randy 會否覺得捱了許多苦？你怎樣看待那一年的經驗？

黎：起初真的有點不習慣，過往我每天穿正式西裝上班，突然不用穿，一開始會很興奮，覺得很有趣，穿員工制服，要在餐廳工作！其實沒有問題，因為是抱持學習的心態來到店裏，加上其他員工不知道我原本是辦公室的同事，所以他們是真情流露，跟我有很多溝通，讓我耳聞目睹很多細節。隨着時日過去，我慢慢晉升，由員工到小經理，再到大經理，最後成為 consultant（顧問），那時已經過了九個月，可是還未聽到消息；每天都穿着制服，而家裏的西裝繼續高懸。我真的有點忐忑，思忖這項培訓究竟會持續到甚麼時候？連家人也擔心地問：「你會否一直都做這個角色？」我想應該不會的。

張：那時候你敢問老闆嗎？

黎：其實一直有溝通，老闆說一定會有所安排，只是時間仍然未能確定，所以讓我先繼續下去，順道學習更多。憑着一個「信」字，我便繼續等下去，等了差不多一年。

潘：那就像我聽説過的特訓隊，把你丟到冰冷的海裏去，然後你問：「我可以上來了嗎？」人可能要經歷這種鍛鍊。

黎：對，那種不明朗的狀態真的是一項很好的鍛鍊。

張：這也是一個良機，讓你在最前線掌握顧客的需要，對嗎？

黎：是的。我會發現原來拖把真的很重，原來 McCafé 的咖啡師是這樣打奶，原來公公婆婆有這些需要；甚至曾經上通宵班，遇到「麥難民」，從而了解他們來餐廳休息的原因。在過程中我培養了同理心，更明白前線，也更明白顧客。

張：是的，穿着西裝，坐在辦公室裏，未必能建立這種同理心。不是你不想，而是你跟前線有距離。

黎：在辦公室真的沒有拿過那拖把。

張：所以是一個很好的機會。結果，你一年後才收到佳音，可是並非讓你在香港升職，而是遠赴新加坡。

黎：培訓了一年後，老闆說要來餐廳檢視營運狀況。我們做足準備，等老闆來視察。誰知看過後，他說要跟我談一談，並恭喜我要升職了，會去新加坡擔任 Managing

Director（MD，董事總經理）。我很高興，終於等到這一天。

張：可是新加坡同事也許並不服氣，會問為何不是晉升新加坡人，他們明明也有人才。你會否遇到一些衝擊？

黎：的確如此。剛到新加坡時，我們舉辦第一個 town hall（員工大會），我清楚記得在座有些同事舉手發問，第一個問題便是：「我們新加坡的業務營運得不錯，為何會有一位由香港來的 MD，還要是女性？」我當時成為了新加坡麥當勞第一位女 MD，聽到這些質疑，我也嚇了一跳。教授，如果是你，你會如何回應？

潘：身處異地，面對不同文化，最重要便是發揮你所說的同理心，首先要與他們取得共識，是這樣嗎？

黎：的確。最初我以為香港和新加坡大同小異，卻突然發現文化大有差別。例如一到下午五時半，全公司會關燈。第一天上班時，我在想：「怎麼了？停電嗎？」他們說：「不是，我們要平衡工作與生活，所以五時半便要下班。」

張：那麼開心？那你在香港甚麼時候下班？

黎：一般香港人都是八、九時下班，加班也很平常。但是新加坡同事追求工作與生活平衡，我沒有辦法，只好回家繼續工作。而他們在周末很着重家庭時間，所以除了要事外，請不要給他們電郵。我又有所學習了，在香港我們常常說「立即」和「馬上」，但是在新加坡便要尊重他們的文化。當時仍會寫電郵，不過會留在草稿箱裏，星期一才寄。

張：即是星期一九點上班，就九點才傳電郵？

黎：大概如此。

張：那真的需要一點耐性。起初有否為這類事情而碰釘子，需要別人提醒？

黎：我的看法比較正面，把它視為鍛鍊，讓我思考每一件事是否真的如此緊急。培養了這種同理心，到我回港擔任管理層時，便能用這種方法與同事相處，而同事也非常接受，覺得我尊重他們的私人時間。他們會明白我是真的有重要的事，才會找他們，因而回應得更為迅速。**如果周末經常給他們並不緊急的訊息，他們就會習以為常，漠視我的電郵。我們必須讓同事感到來信都是重要的；我們管理二十四小時營運的餐廳，每天都有事情發生，因此需要好好區分每件事的優先次序，並在適當的時候給予同事適當的訊息。**

潘：這使我想起同僚陳志輝教授所創的「左右圈」理論。員工渴望工作與生活平衡，我們稱這個左圈為「內部顧客」的需求。

張：即自己的同事。

潘：沒錯。Randy 實在把這一點發揮得淋漓盡致。

張：我認為 Randy 是一位好老闆。香港人總認為每件事都要馬上做好，但到底是否真的如此緊急？太多的電郵只會令人麻木；相反，如果只是偶爾給下屬一則短訊，那更能引起他們關注。

黎：但如果要說我的缺點，我認為正是太着急。

張：你不是已經在新加坡鍛鍊了嗎？

黎：其實很難鍛鍊。這門行業的工作步調非常快，常有事情在發生，再加上我個性本來就急，因此要不斷提醒自己不要急躁。為此，我找到了一個解決方法。那其實很簡單，就是在提出評語前，在心裏數二十秒。

潘：就是先停一停，休息一下。

黎：沒錯。停一停，可能你還沒開口，同事就已自行提出來，那你就不用提點。為此我仍在每天鍛鍊。

潘：我以往也總是非常着急，總是趕着完成事情。後來我嘗試放慢語速，同事問我：「教授，限期是甚麼時候？」我就會慢慢回應：「限期？昨天啊。已經過去了，你快點完成吧。」慢慢説就好。

張：雖然慢，可是給人很大壓力啊。（笑）

·香港麥當勞的金三角·

張：Randy，你在新加坡有所鍛鍊，認識了外地文化，亦學習了運用同理心。那你甚麼時候回來香港？

黎：差不多九個月後。我連搬運到新加坡的箱子也未全部拆封，就接到老闆的電話：「有一個好消息與一個壞消息，對你的家人來説是好消息，因為你能夠回家了；壞消息是新加坡將失去你了。」然後我就回來香港，正式擔任香港麥當勞的行政總裁。

張：在香港你也創造了歷史，成為香港麥當勞首位華人CEO，以及首位女性CEO。你累積了許多經驗，有甚麼特別的文化想要帶到香港呢？

黎：剛才不是提到陳教授的「左右圈」概念嗎？我是2005年從中大EMBA畢業的，也上過陳教授的課。左圈有分internal customers（內部顧客）和external customers（外部顧客），我回港以後，管理方向就源自這個概念，只是現在已演變成一個golden triangle（金三角）：**以客為先，以人為本，最後希望可以為股東帶來合理回報。「以客為先」意謂我們所做的每一件事都由顧客的角度出發，為他們提供合適的服務與產品；「以人為本」則指當我們研發或推出新產品、新服務時，必須考慮到僱員，如果僱員執行時覺得不舒服或不合適，我們就一定要三思而行。如果顧客喜歡新產品、新服務，員工又樂意執行，自然就可以為股東帶來合理回報。**

張：你要以顧客的需要為先。雖然香港是國際城市，但身為中國人，我們的口味與外國並不一致。在食品方面，你是否也為香港麥當勞提出了新建議呢？

黎：是的。大家吃過麥當勞早市的「扭扭粉」嗎？這是大約十二年前（2008年）推出的。麥當勞的熱香餅、豬柳蛋漢堡和薯餅一向受香港食客歡迎，但我們仍然認為還沒成功打入本地口味的市場。我們發現在茶餐廳裏，很多人吃早餐都喜歡有湯底的食物，例如通粉和即食麵。發現這個市場後，我們就開始思考如何在麥當勞推出這類顧客喜歡，而員工又能應付的產品，最後就發明了扭扭粉。

張：港式茶餐廳餐點繁多，你為何會選中扭扭粉？

黎：首先，在進行市場研究後，我們發現通粉很有市場；第二，出前一丁等即食麵需要一個一個煮，需時甚久，通粉則可以一次過大量煮好，在需要的時候舀起來，營運較為方便。

張：這個扭扭粉是香港麥當勞獨有的嗎？

黎：是的，我們應該為此感到驕傲。全球一百二十五個有麥當勞的國家和地區裏，香港是唯一一個供應扭扭粉的市場。十二年來扭扭粉銷量極佳，長期都在餐單上。

張：這就是 glocalization（全球在地化），把美式的餐飲文化結合本土口味，是香港麥當勞的創新之道。其實除了扭扭粉，現今麥當勞也提供了我們小時候無法想像的較優質食材，例如安格斯牛肉、各種各類的咖啡如 Cappuccino（卡布奇諾）、Latte（拿鐵）等。這跟我們的傳統想法有所衝突 —— 快餐店價錢便宜，往往未必能夠提供高品質或多元的食物。你是如何取得平衡的？

黎：多年來我們一直推陳出新，因應市場需要，提供各種本地化產品。除了扭扭粉，我們還看中了 gourmet burger（高級漢堡包）的市場，於是推出 Signature 系列。去年，我們在 McCafé 推出芝士奶蓋，最近又推出麥炸雞。每次推出新產品時，我們都要進行大量市場調研，研究潛在市場的大小，同時也要研發製作方式，確保能快速為顧客準備好食物。我們稱之為 democratization（大眾化），把市場的優質產品如安格斯、Cappuccino、芝士奶蓋、炸雞等較難找到或較貴的食品變得平民化，讓顧客不管身在天水圍、將軍澳還是長洲，都能喝上一杯優質的 Cappuccino，品嚐一口美味的安格斯漢堡。

張：這是否就叫一網打盡呢？

潘：這是緊貼市場，緊貼左圈的需求。

張：我們提及不少成功例子，但難免也會有失敗個案。有沒有這類事例，最後不得不撤回？

黎：過去我們曾大力推廣一款由米飯所製的漢堡，名為「飯 tastic」。我本以為米飯非常適合香港人，我亦因為推廣「飯 tastic」而奪得一些市場策劃獎項。但在兩年後，我就向管理層提議停售這項產品。我們發現如果香港人要吃飯，首選一定不會是麥當勞。**當身處並非我們強項的領域，我們就難以打敗競爭對手，成為顧客的首選。**最後，雖然我因它而獲得不少獎項，但也不得不親自向管理層提出撤下這項產品。這也是很好的教訓。

潘：懂得放下也是非常重要的。

張：你會否感到不捨呢？你因它而獲得殊榮，而它又是你的心血結晶。你有否嘗試堅持下去，改良這項產品，令它雖然形態有變，但靈魂依然長存？

黎：有的。正是這個原因，我在兩年過後才跟管理層提議下架。在那兩年間，我們扭盡六壬去改良產品，嘗試不同的推廣方法，奈何廚房的設備有限制，不管怎麼改良，產品都可能跟顧客的期望有出入。結果，我們認為無謂強求，倒不如放下，向下一個新機會進發。於是後來就推出了安格斯漢堡。

張：努力爭取還相對容易，放下才是最艱難的。Randy 懂得放下，不怕吃虧，這種價值觀除了是與生俱來，也很受身邊人影響。能否談談有哪些人培養了你的價值觀？

黎：提到價值觀，我得先感謝家人。從小他們就向我灌輸「不要害怕吃虧」的心態，為我打下良好的根基。但要說我真正的伯樂，就不得不提香港麥當勞的始創人伍日照先生。他在 1997 年已經把麥當勞賣回給總部，我其實未曾與他共事，只是由於他是麥當勞叔叔之家慈善基金的主席，我有不少機會跟他接觸。我從新加坡回到香港後，他主動約我用膳。雖然麥當勞的生意已經與他無關，但他依然把他在香港麥當勞建立的精神灌輸給我，例如剛才提及的「以客為先」和「取諸社會，用諸社會」的概念。這些價值觀的確幫助我帶領企業持續發展。

張：幸運的話，我們在人生裏總會遇到一位伯樂；而你在擔任管理層後，可能就會成為別人的伯樂。現在先請 EMBA 同學跟嘉賓聊聊天。

·靠跑步化解哀愁·

黃安麗（EMBA 2021 學生）：你在市場推廣方面經驗豐富，但當你初任 CEO，接觸自己不太熟悉的範疇如營運時，你如何憑藉之前的經驗與同事合作，以及加以管理?

黎：我比較幸運，在擔任市場部副總裁時，由於我不怕吃虧，公司不斷把各種部門的任務分派給我，讓我除了市場部外亦要負責管理供應鏈，甚至有機會協助地產部。在過程裏，我明白到其他部門的同事會遇到哪些挑戰。總括而言，我在這方面的秘笈是嘗試了解同事的需要，**在尋求他人理解時，先去了解他人**。在了解他們的需要後，再告知你想他們怎樣做。

黃穎妮（EMBA 2021 學生）：你在職場面對過不少挑戰

及難題。人始終是感性的動物，有喜怒哀樂；請問你有否在夜闌人靜的時候感到害怕或焦慮？你如何面對及處理個人情緒？

黎：我相信每個人在工作上都會遇到種種挑戰。我有兩點想分享：首先，我有遇過重大挫折，真的會哭到天亮。但我從中學習到哭泣也是於事無補，便找來另一個解決方法 —— 跑步。本來我是從不運動的，因為我喜歡上班。（笑）後來我每個星期六都去跑步，發現這能協助我集中思緒，不再不高興或思緒凌亂。我在街上跑步時是不聽音樂的，這使我更加集中，能協助我減壓。我鼓勵大家多做運動，這能助你紓緩壓力。第二，不知道大家曾否在晚上做開會的夢？我常常會在夢裏跟同事開會，有些早上想不通的事，晚上做夢時卻想通了。我為免帶着那些思緒睡到天亮，便在床邊放一本筆記，夢醒後立刻把想到的內容記下，避免自己要努力記着，甚至再次夢見。寫好筆記之後，調整心情，告訴自己要盡快入眠，就可以更好地面對壓力。

潘：現今很多人都有壓力，我們可以把壓力視作令人興奮的事，把它當成動力而非一種威脅。反正不管你怎樣思前想後，總是要睡覺，總是得起床的。

張：為何你跑步時不會聽歌呢？

黎：我在街上跑步，可以看到天空、大海和山峰，我應該好好感受四周環境而非再度分神。

張：聽歌有時會使人分心，但有時也有助減壓，就像今天 Randy 為我們帶來的歌。當你失意時，這首歌或許能給你一點正能量。

黎：沒錯。今天帶來陳奕迅的〈每一個明天〉，有句歌詞不僅非常適合我、同事和朋友，也非常適用於今日的香港，就是:「有浪有風來，不捨不棄，每一明天也贈你」。

·「麥麥送」賦予公司抗疫能力·

張：2020年在新冠疫情影響之下，幾乎所有行業都受到重大打擊。不過外賣行業如Deliveroo、foodpanda等公司可謂逆市奇葩。Randy看來有先見之明，香港麥當勞在十多年前已經推出「麥麥送」外賣服務。當年是出於甚麼契機推出「麥麥送」？

黎：一直以來，不少顧客都會致電個別分店要求送餐服務，因此某些餐廳也早就因應需要提供外送。後來，我們將二百四十多間餐廳的電話整合成同一個外賣號碼——2338 2338，猶記得我也有份申請這個電話號碼。顧客撥打它就能聯絡任何一間麥當勞，享用「麥麥送」。服務最初推出的時候，很多人都不看好，因為香港麥當勞遍佈每一個角落，餐點已是唾手可得，外送需求想必不大。但是我們看準先機，即使早期發展未如理想，我們仍不斷利用科技和物流技術，測試送遞產品的最佳方式，以保持食物的新鮮程度和溫度。為此我們進行了不少研究。

機會的確是留給有準備的人。自去年起，香港的外送市場突飛猛進。由於我們有扎實的基本功，所以能馬上發揮優勢，成為擁有最多外送點的餐廳。我們的餐廳數量眾多，因此能縮短輪候時間，食物更新鮮，而覆蓋範圍亦能廣及全港九成地區。這次的機會令我們的管理層和前線同事相當鼓舞，證明過去十多年的努力沒有白費。

黎韋詩指，機會是留給有準備的人。近年香港的外送市場突飛猛進，麥當勞憑着「麥麥送」十多年來扎實的基本功，成為擁有最多外送點的餐廳。

張：你提及要保持熱食新鮮，那的確很重要。除此之外，你們也有提供雪糕外賣。雪糕容易融化，放久了不但會影響口感，也有可能致病。你們如何確保外送食物能維持原狀呢?

黎：有別於其他餐廳，我們每一款外送食品都要經過生物測試，確保食物經過一段時間（譬如三十分鐘）的運送過程後依然安全。外送人員有兩個外賣箱：紅色放熱食，藍色放冷食；藍色箱內放有乾冰，所以能保持外送食品的溫度。每次出發前，我們都會量度冷食箱的溫度，確保溫度達標才擺放雪糕新地，送出外賣。

不論漢堡、薯條還是新地，我們都能運送，唯獨不送沙律。沙律不是冰凍的食物，不能放在冷食箱內，但是在室溫下，不僅沙律菜容易滋生細菌，沙律上的芝士亦容易變壞。經過多次實驗，這種食品也未能通過生物測試，食品安全堪虞，所以我們不做沙律外送。

張：原來送外賣也有學問，需要分門別類，以不同的箱裝起來，也要經實驗室測試，果然不能小看。除了速度，食品安全也是首要考慮。

潘：這又讓我聯想到陳教授的「左右圈」理論，這次的「左圈」是外部顧客，而「右圈」就是公司的核心能力，即是如要滿足顧客需求，便要問自己「何德何能」，這包括完成生物測試，篩選產品，保證質量和安全。要滿足「左圈」的市場需求，便需要「右圈」的配合。

張：今年全球經歷了前所未有的疫情，對飲食行業的打擊甚大。麥當勞是香港首家宣佈暫停晚上六時後堂食服務的食肆，你是基於甚麼考量作出這項決定?

黎：正如我提過的金三角理論，顧客和員工的安全是我們的首要考量。二百四十多家餐廳每天招待上百萬名顧客，加上我們的一萬五千名同事，餐廳經常都有大量人群聚集，疫情確實令我們擔心不已。要下這個決定的時候，我們也來不及等候其他指引，只能由自身做起，並相信決定是正確的。2020 年 3 月 24 日，麥當勞是香港第一家食肆正式宣佈暫停晚上六時後的堂食服務，但會維持外賣自取和「麥麥送」服務。

很多人會質疑：其實要下這項決定並不難，只要把閘門拉下，停止營業就行。可是，晚上有不少「麥難民」會在餐廳內逗留，因此該決定牽涉的不僅是營業，同時亦關係到社會責任。公佈決定前，我們的同事聯絡了與「麥難民」關係較密切的 NGO，請 NGO 通知「麥難民」有關消息：我們很抱歉，未來兩星期公司會以安全至上，希望大家體諒我們未能提供休息的地方。除了通知，有些NGO也替他們找到暫時的休息場所。

幸好，顧客對這項措施的反應良好，認同我們是願意承擔企業責任的公司。「麥難民」朋友亦非常幫忙，沒有給大家帶來不便。他們認同這項決定，所以樂意配合，自行尋找替代的休息地點。而最重要的是，同事認為公司沒有置他們於危險之中，沒有讓他們繼續每天面對大量陌生人。總的來說，這項決定達到「三贏」：顧客喜歡，同事認為公司貼心，我們也能負上社會責任，並得到「麥難民」的體諒。

·包容「麥難民」，履行社會責任·

張：這樣的局面的確難能可貴，大家能夠同心合力面對疫情。這裏引申出「麥難民」的議題。麥當勞因為企業社會責任而讓「麥難民」在店內休息，但從營商角度而言，香港店面寸金尺土，他們會佔用部分空間，令座位減少，亦可能會對其他顧客構成不便。麥當勞一直以開放的態度包容「麥難民」，請問你們是如何取得平衡的？

黎：我會如此熱愛麥當勞這個品牌，是因為它不單是一家餐廳。即使在白天沒有「麥難民」，餐廳內也有不少小朋友在讀書，有人在簽保險合約，甚或有婆婆在剝豆芽，麥當勞就好像社區中心。我出任麥當勞前線員工時，曾經通宵值班，發現原來大家對「麥難民」有不少誤解。有些「麥難民」身兼兩職，兩份工作之間的時間不足以趕回家休息，所以想找個地方坐一坐，喝點東西稍作休息。甚或有些「麥難民」居住在偏遠地方，但是因為要通宵工作，放工時已經沒有地鐵或巴士可以乘坐，回不了家，因此會來麥當勞吃點東西，歇息一會。其實通宵營業的確幫了不少人，包括一些我們意想不到的對象，而他們被統稱為「麥難民」。

麥當勞的立場是，只要他們不騷擾顧客和員工，營運環境仍然安全，我們便會彈性處理。這需要雙方合作，幸好「麥難民」也相當配合，他們知道我們伸出了援手，所以懂得自律，不會佔用過多地方，形成一種約定俗成的「潛規則」。例如他們會聚集在某個屬於他們的區域，休息時也會比較注重儀態，或當同事需要他們配合的時候，他們也樂意。因此，我們會繼續給大家開放這個空間。

潘：即是繼續做正確的事。

張：這相當難得，已經超越了一般餐廳的服務。Randy 有這樣的價值觀，是源於那一年的前線工作經歷，培養了同理心，但是要令一萬五千位員工都認同你的價值觀確不容易。可以分享建立團隊的心得嗎?

黎：今天帶來一本書，藉此與大家分享我的管理心得。這本書為人熟悉，是 Jim Collins 所著的 *Good to Great*，已經出版了二十年，時至今天我也秉承書中第五級領導者（Level 5 Leadership）的精神。作者解釋領導者分為不同層級，傳統上第四級已是頂級，即 Effective Leader（有效的領導者），他們懂得制定有效的願景，落實它並創造優秀的業績。而要躍升為第五級領導者，就需要放下自我，保持謙遜，一方面要有同理心，另一方面也要帶領公司前行，畢竟一旦同理心泛濫，就無法提高業績。如果能平衡兩者，就能成為第五級領導者。

我將這種精神套用到公司管理上，每次開會也會提醒自己，我不希望自己是會議室裏最聰明的人。聘請員工時，我也希望新聘人員比我更為能幹，例如公司的 CFO、CMO、COO，**他們在自身專業範疇應該比我更優秀，才能為公司注入新元素；而我就要放下自我，向他**

們每一位學習。

我的角色就好像指揮家，由我指揮他們，因為一個才能出眾的員工不一定能在團隊中發揮相應的力量，很多時候他們會互相競爭，導致惡性循環，或掀起辦公室政治。但是我希望營造公平公正的環境，希望管理層不用浪費時間內訌，而是可以集中火力帶領公司向外發展，提高市場佔有率。

總括而言，這本書教會了我**兩件事：第一，我們要知人善任，將人才放在合適的崗位，這對我而言就是聘請有實力的員工；第二，放下自我，向同事學習，賦予同事發揮潛能的空間。有這樣的鋪排，自然能帶領企業邁向成功。**

潘：這本書還提及「刺蝟概念」，正好在 Randy 身上體現出來。「刺蝟概念」講求對某件事充滿熱誠，Randy 正好對餐飲業滿懷熱誠。你另一點令人敬佩的是能屈能伸，而且用人唯才，不會忌才。

張：這讓我想起劉備，他同樣願意放下身段，接納比自己更出色的賢才，這需要廣闊的胸襟和謙卑的心。身為領袖，通常自認為具備一定才能，但其實還需要心胸開闊，認同比自己更優秀的人才。Randy 的胸襟是受到這本書的啟發，還是受人感染呢?

黎：主要是受自身的經歷影響。我非常幸運，相對年輕就已成為 CEO，當時**團隊中大部分成員都比我更具資歷，我作為年輕人要如何說服他們呢? 於是我從中學會尊敬他人。後來我長大了，現在的員工不一定比我更年長、成熟，但他們當中一樣有比我見多識廣的人，我便會同樣用昔日尊敬和請教他人的心態與之共處。**

潘：前人昔日曾經給你發展機會，現在你可以反過來為有識之士創造機會，薪火相傳。

·行政總裁的巡舖心得·

張：Randy 成為麥當勞 CEO 時年僅三十九歲。你的經歷培養了這樣的胸襟，確實可貴。除了 *Good to Great* 的管理智慧，你與同事相處也很講求透明度，對嗎?

黎：沒錯，很多人認為「以客為先」即是聘請市場調研公司進行資料搜集，但除此之外，我還有個小秘訣：每個月抽一天與前線同事飲茶。儘管「CEO 論壇」是業界常見的做法，但我選擇飲茶是希望同事在沒有壓力的環境下聊天，就好像中國人閒時喜歡去飲茶一樣。我和前線員工在酒樓飲茶的時候，場面頗為有趣，其他食客會見到這一桌的人都穿着麥當勞制服。

我沒有邀請其他管理層，只有自己和十一位同事飲茶，希望大家能暢所欲言。我既可以認識更多同事，又能與他們閒話家常，並從他們身上獲得大小資訊，例如像女經理不喜歡制服襯衫上有口袋這樣的小事，如果我沒有跟他們飲茶就無從得知。即使他們向上司反映，上司也可能覺得無需為這種小事徒添麻煩，因而不會向上級轉達。又例如經理原來不喜歡打卡，認為普通員工才有需要，畢竟經理在餐廳等同老闆的角色，所以希望能用另一種方式記錄上班時間。聽取意見後，我就設法幫助他們。

公司每年都會帶五、六百名分店經理到外地旅遊，由他們選擇目的地，例如台灣、泰國、韓國。以往在這些三天兩夜的旅程中，他們要到處學習和參與工作坊，但溝通過後，他們指出每天工作已經非常辛苦，希望在外地能有時間放鬆一下。於是我們近年改變了外地旅遊的策略，三天兩夜的行程會讓他們盡情玩樂、休息、購物，這樣他們反而有更多得着，因為他們到訪過不同的餐廳和主題公園，有更多的消費經驗和體會，比以往硬性規定行程的方式更能構思出新策略。以上資訊都是與員工飲茶才得知的。

潘：這就好像小學逐漸實行自由玩樂（unstructured play），玩樂的時候不要處處設限，才能啟發潛能。讓員工旅遊時盡情玩樂，對建立團體精神還會有意想不到的效果。

黎：潘教授說得沒錯，起初我們認為投放資金到外地旅遊，應該要有投資回報，但沒想到旅程後的調查還發現，這樣能增進經理間的感情，提升團隊精神，讓他們更會設身處地為公司着想。新的做法比過往更有效果。

黎韋詩不時到餐廳探望前線團隊，給他們送上鼓勵和支持。

張：其實領袖有很多種，有些終日埋首工作，非常勤奮，但只躲在辦公室裏，形象神秘。Randy 則截然不同，她是開放、開明的領袖，經常笑面迎人，並懷着謙卑的心；也會到處巡視，形象親民，常常與前線同事見面。

黎：身為領導者，在管理上，我有兩種方法。第一種是 Management by Wandering Around（走動式管理），因為同事的辦事能力高，細微的工作大都能夠交給他們完成，而我就負責關心每一位同事，跟他們聊天，到處走走看看，這是其中一個方法。

另一種方法是多花點時間到餐廳實地巡視。以前的 CEO 會拿着清單，逐一點評；而我就相反，我會帶着笑容跟每一位同事握手，鼓勵他們，然後請餐廳代表跟我分享三件這間餐廳令他最驕傲的事，答案並不設限，不過往往同事都會提及業績。

我的想法是，如果我要親自管理公司營運的話，那為何我們還要聘用一支營運團隊？在一萬五千名員工當中，我實際上只需要負責管理百多人，其餘一萬四千多人則交由營運團隊負責；而我的責任就是到餐廳鼓勵同事。我把自己想像成主題公園的吉祥物，到餐廳面帶微笑與同事拍照留念，拍拍他們的肩膊，聊聊天，讚賞一番。

假如我看到需要改善的地方，會留待回到公司與營運團隊的主管討論。例如店裏的玻璃不夠乾淨，我會讓他們有時間慢慢改善，而不會以 CEO 的身份到店裏，即場給予負評。當然，如果與食品安全有關，我不得不即場嚴厲訓示，要求嚴格執行；但這是例外。我常常都到分店，笑着與員工談天，打成一片，他們也特別喜歡合照。

潘：Randy 的方法令我憶起舊日讀過的一本書，由 Tom Peters 和 Robert H. Waterman Jr. 編寫的 *In Search* *of Excellence*，他們也提倡 Management by Wandering Around，認為走遍每一個角落，總比坐在辦公室裏好，一邊走，一邊看，一邊管，在走動的過程中，把文化滲透到每一個角落，那樣管理才能淋漓盡致。

黎：我有點好奇，潘教授辦公室的房門是打開的，還是關上的?

潘：我最新的辦公室是沒有劃分房間的，辦公室裏有酒吧桌和咖啡桌，大家能一邊品嚐咖啡，一邊討論事務。同事有各自的工作桌，但若有興趣當然也能過來共嚐咖啡。

我想 Randy 也受 *Good to Great* 的另一個概念啟發，它也令我印象深刻。書中說**當你成功的時候，要看看窗外的團隊，感謝他們；而失敗的時候就應該照照鏡子，檢討自己的不足**。這本書真的讓我獲益良多。

黎：這的確是本好書，在二十年後的今天仍然適用。

・管理層的決策方式・

張：Randy 的行動貫徹了 *Good to Great* 的理論和你本人的作風，令我明白要全心信任自己的團隊，首先要找到適當的人才。那麼你用甚麼方法找來這些賢能之士?

黎：我很幸運，現時的管理團隊有一半已經工作多年，經驗豐富，有一半則是新加入的，如此一來便結合了經驗和新思維，彼此能互補不足。譬如新同事有不了解的地方，可以請教年資較深的同事；同時這些新同事又能帶來新思維，啟發大家。

聘請他們的方法，不外乎要有誠意。我會跟他們說，希望可以跟他們一起，帶領麥當勞再創高峰。最重要的是放下自我，不是以老闆的角色面試，而是以團隊成員的身份，讓他們知道在加入之後，他們也是公司的領導之一，要兼顧所有部門。

在公司裏，我們有一個很特別的地方，那是 war room。管理層可以在這裏自由發表意見，也可以鬧得面紅耳赤，不需顧左右而言他，但我們有共識，在房裏的最後決定，不論是否合乎自己的心意，離開房間後也要全力支持，認同這項最終決定。這樣就能減少誤會和陽奉陰違的問題。

在我們公司，管理層是一體的，屬於同一個團隊，基於金三角作決定，即是要滿足顧客需要，獲得員工認同，以及為股東帶來合理回報。無論任何職位，員工都不會只專注自己的範疇，就像我們的人力資源部主管經常為市場部提供意見，財政主管也會給營運部各種提議，最後以金三角作為考量下，落實最終決定，並且公司上下都要全力支持。

潘：大家在 war room 爭論過後，最終會以甚麼方式作決定呢？

黎：決定的方式與職級高低、部門人數多寡或個人能力無關，一切皆以事實為依歸（fact-based）。即使在爭論時，我們也不會作負面的人身攻擊，而是就事論事，用發問的方式啟發彼此思考，這樣的會議才有成效。

張：女性的身份會否讓你在主持討論時有優勢呢？

黎：女性普遍比較細心，更能敏銳地察覺繃緊的氣氛，嘗試緩和情況或軟化雙方情緒。有時候在參與討論後，我也會反思自己的言行是否過於激動，若發現做得不理

黎韋詩透過「3F」管理哲學，帶領逾一萬五千人的團隊每天為一百萬位顧客服務。

想，會主動找相關同事表示歉意，希望他們能體諒。

張：Randy曾提及「3F」管理哲學，除了「Fun（有趣）」以外，還要做到「Firm（堅定）」和「Fair（公平）」。這是你獨創的哲學嗎?

黎：在被委派到新加坡麥當勞時，為了讓素未謀面的同事更容易認識我，於是使用了「3F」的簡單理論來解釋自己的管理方式和思維。**「Fun」代表我希望營造輕鬆愉快的工作環境，切合品牌開心的形象，為員工和顧客帶來歡樂。「Firm」代表我們不會以職級作為做決定的標準，不管想法由哪個人提出，只要是以顧客為先，同時又能讓員工接受，我們都會堅定支持這個決定。「Fair」代表我們重視團隊的誠信，就正如我們為表現評核設立了公平的機制，一切公開透明，絕非黑箱作業。**主管不能因為偏愛某個下屬，就在表現評核中偏袒他，而是要透過圓桌會議討論該名下屬的表現，就他的工作能力和潛質評分。一個公平的機制至關重要，因為能加強員工的歸屬感，令他們更投入工作。

·在新時代鼓勵更多同事發聲·

張：除了做到「3F」，我們也要學會擁抱改變。在 2017 年，麥當勞迎來了重大轉變，接納新投資者加盟。不同背景的投資者會否導致意見不一，為你帶來壓力？你對此一轉變又有何看法？

黎：我在麥當勞服務的首十八年一直是美國公司的員工，但在 2017 年經營模式改變，新的董事局包含了三個不同背景的集團，反而帶來更大的自由度：我們除了能繼續使用麥當勞的全球系統，例如供應鏈、培訓課程、管理方式等，新股東亦有更多本地人脈和更熟悉本地市場運作，幫助我們迎合市場的需要，靈活決策。例如我們推出芝士奶蓋產品，或因應疫情取消晚市堂食服務等，都不用向遠方請示，等待美國總公司的核准。這種 glocalization 的模式，反而讓我做事更得心應手。

潘：很多人以「think globally, act locally（思考全球化，行動在地化）」為口號，但這種概念往往較難清楚闡述。Randy 正正提供了一個實例，示範如何應用全球化的系統，迎合本地需求，可謂「apply global DNA to meet local needs（應用全球基因，滿足本地需求）」。

張：這個轉變一開始可能令人倍感壓力，但現在回看反而讓你們如虎添翼，像節目的主題一樣「壯志高飛」。

Randy今天的分享讓我們了解到，經營大型企業絕非易事，但只要抱有熱誠，信任自己的團隊，就可以愉快地把每天的挑戰視為發揮自我的機會，是一個show time（表演時間）。除了管理哲學，你有沒有金句可以與聽眾分享？

黎：想分享麥當勞之父Ray Kroc的一句話：「Don't worry about yourself, take good care of those who work for you, and you'll float to greatness on their achievements.（不要擔心自己，而要照顧為你工作的人，他們的成就會把你推往高處。）」這番話正好總結我們的對談：**與其只擔心自己，倒不如從員工的角度出發，為他們着想。只要能建立愉快的工作環境，提供公平的賞罰機制，願意向他們虛心聆聽和學習，員工便會投入和付出，造就你和整個團隊的成功。**

黎韋詩深信，快樂的團隊才能為顧客送上愉快的體驗。

張：簡單來說就是「以人為本」，對員工抱有同理心，這貫徹了 Randy 的管理哲學。我知道你還帶來了另一本書與大家分享。

黎：它是 *New Power*。從去年開始，我們觀察到許多變化，包括顧客和市場，而這本書比較了 New Power（新力量）和 Old Power（舊力量）的分別。**Old Power 像貨幣一樣，總是集中在少數高層手上，所有事情都是領導層由上而下決定，員工沒有話語權。New Power 則如水一般，能夠自由流動，讓人人都有權發聲，創造了由下而上影響決定的趨勢。這種新趨勢讓高層更重視員工的意見和顧客的需求，同時亦改變了我們與同事相處的方式。**

潘：在新常態下，我們往往要創新；與其只憑少數高層投入創新，倒不如請員工一同集思廣益，成效或許更佳。

張：許多傳統公司的管理層往往自詡經驗豐富，要適應這種新常態可能需要一點時間。Randy 可否分享，身為管理層如何擁抱年輕人的聲音？他們的意見怎樣幫助你們裨補闕漏？

黎：其實在麥當勞的一萬五千名員工當中，約有一萬名較為年輕，我們可能是僱用最多年輕人的香港僱主。從前我們僅要求他們做好本分，現時卻會更珍惜他們的潛能，並推出不同的計劃，例如 McTalent Program，讓願意表達看法的年輕人定期與管理層聚會，分享想法和意見。

張：感謝 Randy 為我們介紹 *New Power* 一書，也教會我們要擁抱新常態，每天像海綿一般不斷吸收新知識。現在請同學發問。

·不被過去規限自己·

周傑霆（EMBA 2021 學生）：知道 Randy 十分願意提攜年輕人，身處這個變化急速的環境，請問你對年輕的管理層有甚麼寄語？

黎：我認為機會是留給有準備的人。例如全靠早已推出的「麥麥送」服務，我們才能利用豐富的物流外送經驗，在本次疫情中迅速調整過來；而我多年前到麥當勞面試時，也是做了充足的準備才能成功。所以不論新舊世代，只要做好準備，機會到來時就能夠牢牢把握，不然只會讓機會白白溜走。

劉慧燕（EMBA 2021 學生）：請問 Randy 每天上班會如何安排自己的時間？你在會議中會扮演甚麼角色，與各部門主管的相處方式又是怎樣的？

黎：我們每個星期都會有為期半天的領導層團隊會議，我會選擇在星期二舉行，因為假如在星期一，同事便要犧牲周末的休息時間特意準備，除了要承受壓力，也難以從遠端獲取某些公司數據，最終只會降低會議的成效。此外，我也會定期與各個部門進行每月或每周會議，每個月也必定會安排一天與幾位副總裁作單對單會面，地點和形式不限，既可以到麥當勞分店，也可以在外面進餐。除了談論公事，會面最主要的目的是保持溝通。**在一個相對私人的環境裏，同事也會更開放，願意提出不同的建議或意見**，而我亦希望透過這種形式的會面，令他們感受到我們是一個團隊（as one）。

鄭麗萍（EMBA 2021 學生）：從今天的分享感受到 Randy 是一位很有熱誠和感染力的領導，請問在成長過程中有甚麼經歷造就了今天的你?

黎：我自言十分幸運，在成長過程中遇到許多值得學習的前輩。我認為每個人都有機會遇上貴人，而他們總有令人欣賞或需要改善之處，**我們應該像海綿般學習這些優點，然後在他人犯錯時警惕自己，才能把管理工作做好。最基本的是要學會珍惜身邊的人，即使是茶餐廳侍應也可能有值得學習之處，讓我們受用終身。**

黃麗斯（EMBA 2020學生）：知道Randy已在麥當勞服務長達二十二年，請問你有甚麼提示可以給管理人員，讓他們能迎接新世代和趨勢?

黎：我認為在新世代需要擁抱改變。正如我已經畢業十五年了，在十年前也曾參加過類似的電台節目，但仍會視這次邀請為新的學習機會，不想讓過往的經驗規限了自己；結果今天的設計和鋪排，和我過去經歷的並不一樣。所以千萬不要浪費任何學習機會，要願意作出改變。我也擔心訪問前會失眠，那又何必要給自己工作以外的壓力? 但正如主持所言，我們應以樂觀的心態面對和擁抱挑戰。

張：謝謝Randy今天的分享，你的一個童年夢想，成就了今天的女CEO。對於上一代來說，麥當勞的品牌顏色是紅色；但對新世代來說，卻變成黑色和黃色。改變其實是自然而然的，希望大家也能如Randy所説，學會擁抱改變，才能歷久彌新。謝謝Randy，現在EMBA同學會為你送上一首歌。

黃安麗（EMBA 2021學生）：很感激Randy分享自己的成長故事和管理思維，讓我們了解到你如何早立宏願，然後不斷向目標邁進。從你對「麥難民」的關顧，我們亦明白到做生意除了要顧及客人、員工和股東的要求，也不要忘記企業的社會責任。感謝你在百忙之中抽空蒞臨，知道你喜歡 "You Are the Sunshine of My Life" 這首歌，從你身上亦感受到滿滿的能量，故藉此機會獻上此曲。

05

與凌浩雲對話

很多事物都是緣分，我們並不擁有，只是借用；這樣想的話，我們便會更珍惜得來的一切，並會在內心培養一份真正的尊重，因為凡此種種都是別人寄託到我們的手中。

凌浩雲（Howard），香港社會服務聯會（社聯）社會企業商務中心首席顧問。

樂善堂余近卿中學畢業後，Howard 遠赴美國升學。他畢業於美國芝加哥伊利諾大學理工學院，其後於香港中文大學修讀工商管理碩士學位，並完成歐洲企管學院社會創業課程。

修讀食品科學出身的 Howard，畢業後曾任職雀巢及 LVMH。2004 年，Howard 毅然放棄高薪厚職，走出舒適區，創立「哈佛提素」及「一念素食」，是香港首家社企素食餐廳和首家位於大學的素食餐廳，Howard 的社企之旅亦由此開展。

2010 年開始，Howard 與社聯社會企業商務中心結緣，致力讓社企種子在香港的土壤開花結果，這些年來協助多家社會福利機構成立逾五十家社企，幫助逾百名殘疾人士就業，包括視障、聽障、智障、肢體殘障及自閉症人士。

左起
張璧賢、陳志輝、凌浩雲

統籌　陳志輝教授及中大 EMBA 課程
主持　陳志輝、張璧賢
嘉賓　凌浩雲（香港社會服務聯會社會企業商務中心首席顧問）
整理　謝冠東
錄影日期　二〇二〇年六月八日

本章重點

與母校的緣分
美國的佛學啟蒙
培養商業和社會意識
於上環創辦素食社企
社企如何面對逆境
如何面對結業
弱勢社群的優勢
善用聽障人士的強項
擔任社企的顧問
守業不是唯一出路
沒有分別心，便沒有失落

陳：陳志輝
張：張璧賢
凌：凌浩雲

·與母校的緣分·

張：陳教授，你教學多年，可謂桃李滿天下。當老師前你曾在大型企業就職，包括IBM和美國銀行，為甚麼最後會選擇教育為終生事業?

陳：這是因果，因為學生時期我遇到兩三位良師，遂立志當老師。但我若要教授工商管理，便不能對此一無所知，於是畢業後先踏足商界，期間不斷詢問老師有否教學空缺。他們耐不住我的請求，便讓我執起教鞭。

張：教授説的因果關係，與今天的嘉賓也有關連；如果沒有你教書的因，便沒有今天這位嘉賓的果。歡迎今集的嘉賓凌浩雲。Howard，你好。

凌：Melissa，你好。

張：你曾修讀香港中文大學工商管理碩士（MBA）課程，是陳教授的學生，這便是我們説的因果。

陳：容我再説得深入一點。剛才我説很佩服兩三位老師，甚至視之為偶像，其中一位是傅元國教授。1973年我入讀香港中文大學，他是我的會計科老師。他愛護每一位學生，儘管他是博士，我是學生，但他看到我時會走過來勾着我的肩膊，非常親切，是一位不可多得的老師。後來，我當上 MBA 課程主任，有一天，傅教授致電說要介紹一位年輕人，我便與他會面，發現他真的不錯，便取錄為學生。我問他如何認識傅元國教授，原來傅教授是他的舅父。如果我不是遇到傅教授，便不會加入教育界，不會當上 MBA 課程主任，也不會成為 Howard 的老師。值得一提的是，傅教授推薦 Howard 時，絕口不提他們的親屬關係，他的人格真的令人折服。這是很有趣的緣分。

張：Howard，你相信緣分嗎？

凌：絕對相信，我很認同陳教授所說，因果關係裏包括了師恩，在我心中，舅父是我的老師，陳教授也是我終生的老師。這是緣分，在工作上我每每遇到難題，都會想起陳教授的教導。

張：Howard 是一個惜緣感恩的人。我們在節目錄影前都會與嘉賓會面，為節目做準備，並會聊到在哪所學校讀書。Howard 是第一位提及幼稚園的嘉賓。其實，幼稚園對你的影響未必深遠，你也未必印象深刻，對嗎？

陳：為甚麼你會提及幼稚園？它對你有甚麼影響？

凌：我就讀的嘉名幼稚園，正正在我的子女就讀的香港創價幼稚園對面，可是它現在已變成老人院了。我加入創價的家長教師會後，體會到幼稚園老師的教學熱誠和責任感。我們常說，子女入讀幼稚園是新手父母的第一關，這是「買一送一」——小朋友接受教育時，父母也掛着 P 牌（暫准駕駛執照），學習如何教導子女；而幼稚園老師則是駕車師傅，因為他們經驗豐富，熟悉與小朋友相處之道。如果父母不認同幼稚園老師是駕車師傅，比自己更專業，便無法放手。我的兒子已畢業十多年，上月我還在跟他的幼稚園校長聊天，問他今年有甚麼活動是我們可以幫忙的。

張：我也有主持一些親子節目，但這是我首次聽到有人這麼形容幼稚園。有些人覺得把子女送到學校，老師便要負責教導子女，不會想起自己也正在學習；但對Howard來說，幼稚園是父母考取P牌的地方。除了幼稚園，你與小學、中學的緣分仍然持續，對嗎?

凌：別人說我是重感情的人，不知何故我會回去母校，其實這是緣分安排。我的母校是九龍塘學校（小學部），校長說想辦一個領袖訓練課程，共有十二個環節，有部

凌浩雲與家人。家人往往是他的靈感泉源。

分關於社會企業，於是他請我負責一節課堂。其實我一直做關於社會企業的演講，但對象多是畢業生或在職人士；我認為向小朋友解說社會企業是一項挑戰，也是一次契機，如果小學生聽得懂，他們便會把這個訊息帶給父母，所以我接受這項挑戰，一做便是三年。回到小學的感覺很有趣，每件東西都好像變小了。（目前，凌浩雲也出任該小學的校董。）

張：就如 Bee Gees 的名曲 "First of May"，小時候我們都覺得聖誕樹很高。

凌：對。至於中學，我在樂善堂余近卿中學畢業，每一任校長都請我教導八段錦健身法，讓老師的筋骨更健康。因為校長認為老師身體好，才有力氣去教導學生。

陳：為甚麼你會跟母校有這麼多聯繫？

凌：一直以來，我跟小學和中學同學都有聯絡，我們常常在聚會時無緣無故問起大家有否見過校長、校長近來有哪些需要，我聽了覺得能夠幫忙，便毛遂自薦。

陳：你剛才說「無緣無故」，其實肯定是「有緣有故」。如果大家在聚會時都會說起母校，那麼學校一定有些東西是大家都難以忘懷的；可能是學校的氣氛或文化，令學生充滿歸屬感。據聞那是一所 band 5（第五組別）中學，雖然組別並不重要 —— 因為每位學生的未來都掌握在自己手中 —— 但為甚麼你那麼喜歡母校？

凌：雖然學校被列為最低組別的 band 5，但所幸我接觸的每一任校長都是 band 1 校長。「Band 1 校長」不是以傳統方法去區分，而是因為不論他們找我教授人工智能還是社會企業課程，出發點都是為學生增值，並會想方設法增進學生的學習興趣。這種教育使命跟社企推廣很相似，因為我們也常常要教導客人，向他們講解社企的社會效益。同時，我們還要教育員工，說明為何這家餐廳或補習社被稱為社企。我和校長也正從事大量教育工作，理念都是「有教無類」，所以只要他們有請求，我便會成全他們。

張：雖然他們是 band 1 校長，但學校環境始終是 band 5，要學生專心致志學習並不容易，他們或會受周遭環境影響。學生在學習上是否面對很多挑戰？

凌：我入學時，發現坐在後面的學生全都身材高大，為甚麼？因為他們都是留級生，有些甚至不是首次留級。

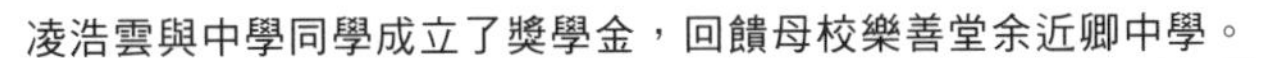
凌浩雲與中學同學成立了獎學金，回饋母校樂善堂余近卿中學。

上課時，老師每每要花一半課時管理秩序，教學效率難免大打折扣。在這樣的環境下，學生需要自發學習，習慣了以後，即使沒人督促也會讀書，我慶幸自己養成了這種習慣。

陳：當母校需要你，你便義不容辭。是甚麼原因令你對母校滿懷歸屬感？

凌：當年的校長是李思泌校長，我還記得，他每天都會在校門迎接學生，下雨天總有學生忘記帶傘出門，校長必定會上前為那些同學撐傘；看到學生快要遲到，會揮手叫他們走快一點。這個傳統一直傳承下去，現任的劉振鴻校長也如出一轍。來這裏錄影前，我在余近卿中學參與了一個會議。今天是停課後首天復課，我在遠處已看到劉校長在校門撐着傘，上前迎接沒帶傘的學生，把他們送進校門。這些已成為日常風光，雖然我們不會刻意提起，但一切已記在心中。

張：這個畫面很溫馨。

·美國的佛學啟蒙·

陳：不如轉換話題，另外兩位給你啟蒙的人是你的外婆和母親，可以談談嗎？

凌：很多朋友問我，我的社企種子來自哪裏？其實是來自外婆和母親。由於父母都要外出工作，我和小兩歲的弟弟是由外婆撫養長大的，她負責照顧我們的起居飲食和課後教育。從小到大，我把每一個看到的生活細節都記在心裏。外婆常說，**送禮給別人，要選自己喜歡的東**

西，別選你不喜歡的。以前，農曆新年時很流行互贈禮盒，大家通常會留下自己喜歡的那盒，其他用來轉贈別人，但外婆不允，說應該把最喜歡的一盒送出。小時候，看着心愛的禮盒送出去，簡直是眼淚在心裏流。雖然那時的我不明所以，但年復一年，我把這個價值觀記在心裏，現在我常說，**從事社企是要送給別人一份禮物**。

張：這是「己所不欲，勿施於人」。

凌：對。另一位啟發我的是母親，長大後我有機會幫忙打理她的公司，有時要與外國人溝通，在好幾次聚會裏，我看到母親如何包容不同的人。此外，從小到大，我看着她公平地照顧每一個親人，包括她的兄弟姐妹。她永遠把自己放在最後，身為兒子，我有時會吃醋，不理解她的做法。長大後，我從母親身上學會，原來你真真正正尊重一個人、愛一個人時，是不會斤斤計較的。因此，我懂得如何尊重各個界別，發掘他們的潛能，這就是社會企業的精神。**社會企業最初給人的感覺是照顧弱勢社群，其實我從沒有照顧他們，我尊重他們是整個社會系統裏的一分子。只要你尊重他們，便會看到他們的潛能；只要讓他們有所發揮，他們便懂得照顧自己。**

張：Howard 説得對，我們的學習不應止於課堂之內，不論是你的校長、母親或外婆，你在他們身上能學會課堂以外的東西，這是身教。至於説到與佛有緣，則可能是源於你留學美國。為甚麼當年你會到美國升學?

凌：大家一定以為我成績優異才負笈美國，其實我當年會考成績很差。當時還沒有互聯網，我在統一中心看升學資料，發現原來美國有副學士學位課程，能讓我延續學業，我便去申請。

陳：那是 junior college（初級學院）。

張：當時香港還沒有副學士學位課程。

凌：對，所以當香港的院校開辦副學士學位課程時，很多人問我意見，因為我是早期畢業生。有趣的是，當年美國的收生人員以為我在香港是中七畢業，所以我完成副學士學位課程後，便直升大學，最後比其他人早兩年畢業。

陳：這樣沒有問題嗎?

凌：沒有，因為副學士學位課程的學分可以轉移到大學課程，所以我可以早兩年畢業。我在美國加州修讀副學士學位課程時，每周都有 long weekend（長周末），不是因為星期五沒有課堂，只是同學們都會曠課，還邀請我跟他們外出遊玩，因此我第一學期的成績欠佳。到了第二學期，我明白如果 GPA 不高，便很難入讀更好的大學。

恰巧一位來自台灣的同學帶我到加州的西來寺，我在那裏首次嚐到素食自助餐，覺得價廉物美，自此每個周末都跟着那位朋友去西來寺。來到西來寺這麼遠的地方，不想一下子就回去，便在寺內的圖書館看蔡志忠的佛教漫畫，他的故事都能帶出玄妙的道理。

有一回，尼姑問我是否不用工作，為甚麼可以經常到訪，我說我還是學生，沒有工作，她便叫我在早上六時三十分來到寺廟，不用付款，她自有安排。我到達時，發現寺內已坐滿公公婆婆，他們多是來自台灣的移民，都是來幫忙切菜的，因為西來寺每天要準備逾千人分量的餐點。尼姑吩咐我跟一位婆婆學習切菜，我還記得第一天我便弄傷了手。

張：因為你從小到大都不用做家務。

凌：婆婆叫我削蘿蔔，我一下刀便弄傷了手，我還問婆婆這樣算不算殺生，婆婆說：「這是意外，不算殺生，繼續切吧。」我一直在寺內當了兩年義工，每個周末都去幫忙，還騙同學說我找到一份工作，每個周末都要下廚，所以沒空跟他們玩樂。

陳：其實你希望避開他們。

凌：那時的確有群眾壓力，你不去玩，就是不合群，但有工作在身則另作別論。最後我練得一手廚藝，而原來當義工也可以升職，慢慢我由切菜升職為負責泡菜，再做熱盤。

張：升職後有甚麼特別待遇?

凌：沒有，反而工作多了，還要更早報到。兩年後，我的 GPA 已達 3.4 至 3.5，可以轉讀更好的大學，所以便入讀伊利諾州理工大學（University of Illinois Urbana-Champaign）。

陳：這所理工大學很有名氣，你知道舅父傅元國教授也在那裏畢業嗎?

凌：我是畢業後才知道的。新年時向舅父拜年，他問我在哪所大學畢業，才發現我們成為校友了。

·培養商業和社會意識·

陳：你喜歡食品，畢業後便加入雀巢公司，後來北上發展，遇到你視為師傅的兩位人物。不如你說說這個故事？他們對你有甚麼啟發？

凌：我修讀食品科學，而雀巢公司是世界級的食品公司，所以我很高興能夠加入。我在 1997 年回港，當時雀巢公司剛剛開始發展中國市場，設廠生產咖啡、奶粉、雪糕和乳酪等產品。我在香港受訓完畢，便被派到國內不同地方從事品質管理，為食物安全把關，負責協調國家品檢局（全名為國家質量監督檢驗檢疫總局）和雀巢的品質檢定工作。

當時我有兩位師傅，一位是直屬上司馬先生，現在他還在雀巢公司負責品質管理；另一位是荷蘭籍上司 Johan Pecht，現已退休，但我們仍保持聯絡，他上月來港時我們有見面。這兩位師傅對我影響深遠。馬先生教會我何謂食物品質，如何捍衛食物安全，令我明白有**些東西不能妥協，因為食物安全是生死攸關的**；雖然一杯雪糕的售價只是幾元，但我們一定要保證它可安全食用。Johan 則說我雖然有科學頭腦，卻欠缺商業頭腦，所以後來我便修讀 MBA 課程。

張：很多年輕人投身社會數年後，都會遇到瓶頸：工作雖有一定滿足感，卻不知如何更進一步。就像 Howard，因為上司指他欠缺商業頭腦，於是想進修。在職人士大都選擇兼讀課程，獲得「最優秀員工獎」的 Howard，當年為何選擇全日制課程？

凌：當時 Johan 認為我有不足之處，希望我追求個人成長；但雀巢當時正急速發展，直屬上司擔心我這名得力助手無法兼顧進修和工作，會影響公司利益。我心裏十分糾結，最後選擇了全日制課程。初時確實不太開心，但回想過來，當年我進修純粹為了自己，沒有考慮到公司，於是無法做到雙贏。

陳：Johan的一番話醍醐灌頂，他真是你的恩師。雖然你精於食品科學，但食品公司要將產品推銷給用家，令用家感到愉悅，才是真正成功。與此同時，直屬上司馬先生亦有道理，因為你進修確實會影響公司運作。而你最後決定全職進修，可能會同時惹怒兩位老闆——一位連兼讀也有微言，你卻還進一步讀全日制；一位想你多吸收商業知識，你卻竟然離職。你的決定是否令兩位上司始料不及?

凌：對，當時確實兩難，我只能希望日後用時間證明一切。後來我自立門戶，一開始便選用雀巢的產品來製作食物。還記得當時致電馬先生下單，他着我找某位舊同事跟進，立時覺得我們的關係變得亦師亦友。

張：你進修了兩年，學習到很多商業技巧，理應回歸商界，為何會創辦「哈佛提素」這家社企?

凌：我在中文大學讀MBA時，參加了大企業的招聘會，因緣際會，成為了LVMH的財務人員。工作了一陣子後，LVMH希望我繼續幫忙，結果我由全日進修改為兼讀。其後，我更連同全組人員獲派到瑞士處理業務，一年後回港，再完成課程。

LVMH裏，我的上司Rémy Husson是法國人，她指我有商業觸覺了，但欠缺社會觸覺。有趣的是，我的上司總會在我的事業達到某個階段時，作出類似的勸導。我疑惑地問：「奢侈品牌的企業為何要有社會觸覺？」她遞給我一個手袋，該手袋以塗鴉為設計，因為設計師在社區看到很多塗鴉，才觸發設計靈感。原來 LVMH 各產品系列都是緊扣社區的，靈感取自社會，所以不忘留意社會發展。集團在採購和招聘等計劃裏，都會兼顧企業社會責任（Corporate Social Responsibility, CSR）。後來我完成瑞士的任務回港，剛好香港社會經歷了 SARS 等衝擊，令我決定開展第一家社企。

陳：昨天上課時，我談及希臘哲學家 Heraclitus（赫拉克利特），想轉送他的名言給 Howard：「Everything is and is not at the same time.（所有事都屬於「是」，同時亦屬於「不是」。）」正如「看山不是山，看水不是水」，「是」或「不是」是按看者的境界而定。Howard 的首個學位是理科，自然有科學頭腦；之後投身商界，要知道營商不僅是「我賣你買」如此簡單，環境、員工、分銷渠道等環環相扣，都會受到營商者的影響，故從商時，亦要自問對社會有何影響。難能可貴的是，你的上司都願意教導你。Rémy 指你欠缺社會觸覺時，你有甚麼感覺?

凌：我煩惱該往哪裏尋找這種觸覺，難道要唸社會工作碩士？我不知道怎樣將商業連繫到社會，結果萌生創立社企的想法，開始大量閱讀相關書籍。

陳：Howard 曾經問我，知不知道為何他突然有意投身社企，原來是我邀請的另一位校友講者啟發了他。

凌：教授的記憶堪比電腦硬碟。那位校友是莫家麟（Francis Mok），當年他擔任港鐵人事部主管，和 MBA 同學們分享時傾囊相授，分享從事人力資源管理遇到的困難，與我們的課堂知識互相呼應；最重要的是，完場前他說了一句話：「校友們，今天我回來演講，是因為對母校懷有師恩，想回饋母校。」這句話令我記憶猶新。現時我們仍有聯絡，因為我們「以武會友」，他熟習氣

凌浩雲協助他的恩師和模範陳志輝教授，在課堂裏傳授經營社企的心得。

功，而我就懂得八段錦。受他邀請，我曾為港鐵講授多場八段錦課，教導超過五百位學生。後來 Francis 轉投另一家公司，我繼續義不容辭，教導他的同事八段錦，因為他和陳教授一樣，是我的老師。

・於上環創辦素食社企・

張：你們很有緣分。你開辦社企，為何選擇素食餐廳？

凌：這又是另一重緣分，都是和教授有關的。當年我尚算年青，教授的同學蔡宏烱（Victor Choi）又碰巧在上環有物業，希望物色年輕人合作營商，提攜後輩。

陳：當時和 Howard 閒聊，知道他想創業。他最喜歡食物，又信奉佛教，希望創業與素食有關。但我明白創業並不容易，至少要有店舖，剛好較早前我遇到蔡宏烱，問他有何計劃，知道他有一個未遂的心願 —— 小時候有師傅教導他營商秘訣，讓他名成利就，所以他也希望在有生之年，至少幫助一位年輕人。於是我便穿針引線，安排一場飯局。席間有不少年輕人，蔡先生用心聆聽各人的抱負，最後選擇和 Howard 合作，我就功成身退。

凌：我們的合作模式是：蔡先生負責管理物業，我負責構思商業方案。他給我三道難題：一、**將成本控制到最低**；二、**讓顧客獲得最大的滿足感**；三、**交租**。為了達到這三項條件，我發揮從 MBA 學到的知識，以自助餐形式營運，由顧客自行收拾餐具，以最少的人力來控制成本。這種模式在十二年前的香港遇到很大挑戰，記得有位客人起初不肯收拾餐具，因為他在家中用餐，都有外傭處理。他每天都來吃飯，吃完就離開，只剩下杯盤狼藉。然而到了第二十次，他竟然自行清理餐具。同事們百思不得其解，以為我曾教訓他，但我沒有。我相信**他默默地尊重我們的文化，所以我亦默默地尊重他，沒有過問。**

有一次，我光顧某高級餐廳時，鄰座的客人投訴。我很好奇，**為何如此高級的餐廳都會被投訴？原來他說缺乏選擇。於是我就讓客人自行決定食量和所付費用，在收銀機前設一個磅，餐價視乎所取食物的磅數。**

張：當時香港沒有這種餐飲模式？

凌：沒有，那時的自助餐普遍是一個價錢任食。我們按食物重量（每 100 克）計算價格，但為了令顧客覺得雙贏，飯、湯、茶免費享用。我們不想客人為了省錢，只吃 100 克的餸菜，但又吃不飽。後來有客人還專門吃湯料，因為不用錢，見他這樣有滿足感，我們亦替他高興。

凌浩雲帶領一班本地和海外的大學生，探索和體味香港的本地文化。

張：這銷售模式非常特別。Howard 一路走來，遇到不少因緣，校長、恩師、婆婆、媽媽，以及工作上遇到的每一個人，都造就了今天的你。以前你就讀 band 5 學校時，應該沒想過自己將來會成為社企創辦人，並擔任眾多社企的顧問，以生命影響生命。人際間的溝通和互助，可以擦出許多火花，現在有請 EMBA 同學發問。

・社企如何面對逆境・

林肇琪（EMBA 2010 校友）：Howard 作為社聯社企商務中心首席顧問，認為現時香港的社會和經濟動蕩，對社企而言，有甚麼機遇和挑戰？

凌：現時的社會大環境和氣氛，不僅對社企，就算對一般企業也帶來很大的營商壓力。不過有危就有機，我們應如何掌握機遇，協助社企度過難關？就我的觀察，**很多社企雖然營業額下跌，卻善用此一時機培訓員工，令員工感到「一個都不能少」**。尤其是慈善社福機構，它們用同工同酬、同舟共濟的方法，盡量留住員工，雖然每人的工時和收入減少，培訓卻增加了。有些店無法承擔高昂的租金，急流勇退，雖然停止營運，但繼續培訓員工，並為他們尋找下一個工作機遇。

在這段時間，社企亦會思考如何進行網上銷售和培訓；而從事社企的弱勢社群亦多了時間留在家中，照顧小孩，這同樣對社會有幫助，因為有家才有社會。**我們要在大環境中尋找自己的位置，相信總能有美好的安排，並要由心而發地尊重和實踐自己的角色**。切勿留在家中就覺得苦悶，上班又覺得辛苦，事實上每個地方都有發揮的機會，既然多了時間在家，就在家中好好發揮。希望這是轉危為機的方法。

陳：Howard 的話很有啟發性，不僅令我想起「所有事都屬於『是』，同時亦屬於『不是』」，亦令我想起詩句「橫看成嶺側成峰」。我十年前開始寫一本書，但因為平日太忙，總是差一點點才能完成；碰上這疫情，終於寫完，連英譯版都完成了。**苦還是不苦，視乎你怎樣看。社企幫助的多是生理或心理受創的人，他們習慣了辛苦，反而更能適應這種逆風；平日事事順遂的人，一遇到逆境，反倒容易意志消沉。不過我們同樣要愛護他們。一旦遇到問題，多與身邊的人聊天，或許會找到克服問題的妙法。**

張：人要懂得擁抱逆境，別在順境時嫌悶，逆境時又說難受。

．如何面對結業．

鄺家俊（EMBA 2013 校友）：Howard 集合了政、商、社的領導智慧。你在社企路上作出的最艱難的決定是甚麼？有想過放棄嗎？當中又有甚麼領悟？

凌：這位同學和我亦師亦友，他既是我的師兄，亦是在中大校友會為社企播種的人。我的社企路上，曾有心傷的決定，就是結束第一家社企「哈佛提素」。營運到第十二年，因為租金、客源等問題，是時候宣佈結業。這本來是傷心事，但我細心一想，十二年來我有四位同事分別往外闖，創辦「無肉食」、「麗姐素食」等素食餐廳，持續營運至今，並聘請殘疾人士，延續社企的種子。看到他們青出於藍，我由心而發地高興。我心想：既然要結業，不如開開心心光榮結業，邀請一眾朋友來大吃一頓吧！怎料又遇上機遇。

當日其中一位客人是另一家社企餐廳、由長者經營的「銀杏館」的老闆，她在歌賦街的分店快要租約期滿，希望我承讓店舖。因為怕她會陷入困局，我公開帳目，直言租金在一定水平，怎料她說只要減租三萬就能承擔。我從來沒有跟業主議價，卻為了她而雄心壯志詢問業主，而業主聽到我願意經營，便立即答應；我連忙說明我是把這個物業交給一位更好的租客，是專門聘用長者的社企。

餐飲界一向有「頂手費」（轉讓費），我初時叫價 40 萬元，雖然銀杏館可以承擔，但再沒有餘款裝修店面，於是我決定以友情價 5 萬元出讓這些保養良好的裝潢和器具。銀杏館老闆非常錯愕，但我認為這是三贏局面：一、銀杏館有 35 萬元整修店舖；二、我的舊客戶可以繼續茹素；三、業主巡視餐廳時，看到它有裝修，亦會感受到租戶履行承諾的誠意。最後我連續牌費都一併幫忙繳付，因為婆婆一直教導我：**要將最好的禮物送給別人**。很多時候餐廳易手後，會流失舊客戶，於是我和銀杏館老闆商量，既然我成功爭取減租，如果她願意加薪的話，就將表現最優秀的員工留給她，好處是：一、她認識所有舊客戶；二、她亦很有歸屬感。這位同事早兩天才聯繫我，因為我的信件現時仍會寄到該店地址，她會幫忙拆信，我們之間沒有秘密。**一個心痛的決定，最後卻也變成一個延續**。

張：真是華麗轉身。Howard 經常談到「機遇」，你在美國讀書是機遇，同時亦是因果。今天我們因為緣分而聚首一堂，Howard 挑選了 "Forever Young" 一曲送給大家。

凌：它是 Rod Stewart 1988 年的作品。媽媽永遠將自己放到最後，我不太了解她的愛好，直到有一天，她突然跟我說喜歡聽 Rod Stewart 的歌。於是我搜尋這位歌手的資料，並在手機儲存他的唱片，每次駕車接送媽媽，都必定播他的歌。有一次她問我這是甚麼電台，為何總是播放 Rod Stewart，而且沒有廣告（眾笑）。我解釋是手機功能後，她立刻叫我幫忙設定。

張：這首歌是送給媽媽的。

凌：同樣送給教授，因為教授在我心目中是 forever young。

陳：謝謝。

·弱勢社群的優勢·

張：雖說「天生我材必有用」，但弱勢社群或先天殘障人士初進職場難免遇到障礙，感到氣餒。你接觸過這些朋友，了解他們的故事，你怎樣將其弱勢看作優勢，幫助他們走出困境?

凌：這個問題正好切中社企界的核心價值。**許多非牟利機構、年輕人想創立社企，都想了解其營運模式，其實除了相信「天生我材必有用」，還要真心尊敬弱勢社群，誠心尋找讓他們發揮所長的空間**。那就不是單單用照顧的心態，為他們找一份工作那麼簡單。他們如能發揮所長，那就連他們的父母也會樂於前來光顧，享用他們的服務。**作為社企營辦者或顧問，從一開始就要設計好怎樣在企業裏盛載這份尊重，而老闆、管理層、經理和前線員工都要秉持這種信念。**

社企的員工不一定全都是弱勢社群，我們也需要聘用一定的專業人士，兩者互相配合。有些專業人士不享受在社企工作，覺得比在外邊辛苦，那只是因為他們仍然只抱持照顧的心態，還沒有嘗試了解其他同事的世界，久而久之就變成不尊重。

其實對專業人士來說，在社企工作也是一個學習過程，他會學懂輔導員工，能夠由心而發與其他同事溝通。而在合作過程中，受助的不一定是弱勢社群。我們舉辦過手語訓練班，讓專業人士與只能運用手語的同事溝通。在培訓期間，後者還留下來擔當小老師。由此可見，弱勢社群都有可以付出之處。

陳：假如一位老師遇到一群一竅不通的學生，就覺得苦惱、很難教，其實很不尊重學生。事實上，能夠從零教起才是挑戰自己、發揮教學才能的機會，否則又何必聘用你呢？**不論是學生還是弱勢社群，他們本來的模樣就是其特色，你要尊重，並且嘗試讓他們在這些條件之下發揮自我，甚至大放異彩**，那就皆大歡喜。所以說，經營社企比營運普通企業、非牟利機構更難，因為除了做生意，你還需要創造力，好讓看似能力稍遜的人都得到發揮潛能的機會。

凌：沒錯，能力其實無分高低，只是大家擅長的領域不同而已。現時的疫情改變了生活常態，社會節奏放慢了，許多人因此感到憂慮。但很多弱勢社群的朋友反而生活如常，似乎沒有受到衝擊。原來在他們的世界裏，每天都活在逆境之中，外在世界的改變也及不上他們本來面對的日常困難。相比終日提心吊膽的專業人士，他們反而謹守崗位，做好自己，繼續按自己的步伐向前，我很欣賞。

陳：事情再壞也總有處理辦法，別總是覺得束手無策，坐困愁城。既然其他人能生活如常，你也可以。即使你是弱勢社群也不必灰心，你也有自己的優勢，只是還沒找到它，才未能加以發揮，你只要努力不懈就好。你何時發現自己能做到真心尊重弱勢社群？又如何找到力量，為他們找到合適的舞台？

凌：在經營社企的過程中，我探訪過許多家庭，每次都感受到歡欣和快樂。那些父母由衷感到高興，不是因為孩子有份工作可以養家，而是因為從孩子身上看到希望和將來。**營運社企不只是做生意那麼簡單，我們最看重的是人。我們去家訪是希望更了解員工，透過和父母接觸，我們得知員工從幼稚園到小學、中學等等的成長點滴。父母往往說這些細節微不足道，但我能從中更立體地了解一個員工，令我獲益良多。**

我曾到天水圍做家訪，父母因為次子世豪大腦癱瘓，選擇退休當全職照顧者。時為冬天，我卻發現他們家還開着冷氣，好奇一問，才知道原來世豪從紅十字會甘迺迪中心畢業後不取分文，一直為學校經營網頁，所以全屋放滿伺服器，需要冷氣降溫。世豪不能說話和行動不便，但會編寫程式，不但免費提供服務，甚至倒貼資源——開冷氣來貢獻母校。雖然我立即提醒他可以收費，但他願意貢獻自己的才能，真的很有心。在家訪裏，我還發現家人都有不少特別為世豪而設的心思，例如爸爸為了方便世豪出入，便因應不同的出門目的，為輪椅配上大小不同的袋子。**這些事情不起眼，卻充滿家人對世豪的支持和鼓勵，並能令他的發揮盡可能與常人無異。這也是我們經營社企所需要的心態。**

世豪的中學成績一般，畢業後選了職業先修課程，也完成了一個遙距課程。他很想報讀碩士，但基於身體限制（不能說話和寫字），很難達到一般碩士課程的要求。即使找到一個合適的、在浸大就讀的電腦科學課程，所需的龐大學費跟生活費都令世豪卻步。我們有幸得到利希慎基金支持，唯一的條件是確保世豪在畢業後能找到相關工作，回饋社會。我答應了這項要求，盤算着就算世豪不創業，最壞情況下也可以聘請他到我旗下的一家小型IT公司工作。

可喜的是，世豪不需要依靠我，憑自己的能力，在讀書期間已能在不同的大公司工作，還做得不錯。畢業後更獲社創基金（全名為社會創新及創業發展基金）支持創業，發明了CP2Joy系統。CP2Joy的靈感來自大腦癱瘓者控制電腦時遇到的困難，例如一般人在Windows裏按幾個按鈕，在幾秒內就能找到資料，他們卻需要花三分鐘。而世豪的發明讓大腦癱瘓者可以憑「依」、「啊」等一個音節，加上眼部活動就能控制電腦，將運作速度提升至跟普通人一樣。這是他的畢業創作，為了研究這個系統，世豪寫了38萬條編碼，連他的教授都深受感動。

這件事不關乎他的強勢或弱勢，**世豪說自己能超越一切、能人所不能，我覺得這都是源於其家人、同學、教授和他對自己的尊重，那能賜予他力量**。有時候我累了，感到氣餒的時候，我就會用世豪的話提醒自己繼續努力。

張：全賴父母和他人的愛成就了世豪，證明弱勢社群也可以走出自己的康莊大道。

·善用聽障人士的強項·

陳：人人都會遇上逆境，能助你度過難關的是你的信念。美國總統羅斯福（Franklin Roosevelt）說過，只要你不怕，就沒甚麼可怕（The only thing we have to fear is fear itself）。不論再艱辛，都要堅信會有解決辦法，畢竟自怨自艾無濟於事。灣仔修頓球場對面的社企餐廳「樂農」，據說是你的得意作品，為甚麼你會去幫助他們？你怎樣發掘這個機構，助他們走出困局，化腐朽為神奇？

凌：當年香港政府有許多社企基金輔助弱勢社群，其中一個便是民政事務總署的「伙伴倡自強」計劃，旨在協助弱勢社群自力更生，樂農就是受惠的社企之一。當時我是該計劃及社會企業諮詢委員會的委員，而負責此項計劃的時任民政事務局副局長許曉暉女士在社企界深富影響力，湊巧她也是陳教授的學生，後來教授也加入合作。

成立樂農的時候剛好是金融海嘯過後，全港社企的數目從一百多家跌至五十多家。當時有傳媒報道社企浪費納稅人金錢，加上社企的弱勢形象，更影響了社企在一般人心中的印象。為了挽回社企的聲譽，我邀請了演藝界合作，希望透過跨界別模式，借助演藝人士潮流的形象，為社企界帶來新氣象。我們成功邀請到曾志偉先生和戚美珍女士參與，馬時亨先生也跟我們開會討論。他們本來提議包攬所有開支，全力支持這項有意義的計劃，我反而選擇善用「伙伴倡自強」的支援，勸他們把資源省來作宣傳之用。

樂農就是我們研究出來的成果，「樂」代表我們希望餐廳能為食客帶來快樂，而「農」則代表素食，同時我們是第一家全方位聘請聽障人士擔任侍應和廚師的餐館，專業人士反而是員工中的少數。相比有些大集團只聘請少數聽障人士，有時候甚至將聽障人士安排到被忽略或較不受歡迎的工作崗位，我們更希望員工能獲得平等待遇。在這裏，聽障人士才是大多數，而當他們聚首一堂，互相幫忙，發揮的力量也不容小覷。

樂農從無到有，有賴各界支持。我記得曾志偉先生在會上給一位美術指導打電話，五分鐘後樂農的商標就出爐了。十五分鐘內，菜名也定好了。這些都是拍電影的速度。後來社聯也幫忙找來不同的社福機構到餐廳舉辦活動，樂農的名聲才傳揚出去。我們在商學院接受了良好的教育，很希望社企界的同仁也可以得到教授的指導，所以真的很高興最後還能邀請教授加入社企諮詢委員會。截至 2020 年 5 月，香港已有六百六十多家社企，希望社企界的發展越來越好。

陳：加入委員會對我來説也是別具挑戰，因為我需要為每個獨特的群體找到合適的舞台。比方説，聽障人士不一定不能説話，只是由於聽覺受影響，發音有時候會比較含糊不清。我們要做的正是發掘每一個人的優勢，那就能讓他們有所發揮。

凌：是的，我們在家訪時留意到兩個特點。**第一，聽障人士很愛笑**。原來當一般人不會打手語時，聽障人士就會讀唇來了解我們說甚麼，只是有時候我們說話太快

香港首家社企素食餐廳「樂農」的創辦人，左起：利承武、戚美珍、曾志偉、凌浩雲。

了，他們跟不上就只好以笑應對，自然習慣微笑待人。

陳：他們出於自然的微笑很溫暖，來光顧樂農的人一定感到分外親切。

凌：第二，他們做事很專注。即使餐廳很嘈吵，他們的世界仍只有一片寧靜，不受外界紛擾影響，因此可以心無旁騖地工作。他們習慣用眼觀察，很配合飲食業一眼關七的要求。例如他們看到你要把茶壺大幅傾斜才能倒茶，就知道茶壺缺水，便自動來加水。雖然他們聽不見，其他感官卻特別敏銳。他們味覺靈敏，很會試味，適合擔任廚師。樂農還能帶給客人新體驗，例如我們會用手語唱生日歌，由於動作簡單，客人都可以一起參與，過一個令人難忘的生日。

・擔任社企的顧問・

張：這些就是聽障人士的優勢。除了「哈佛提素」和「一念素食」，Howard 亦與社聯社企商務中心結緣，從中幫助不少社企。你為何會從經營社企改而擔任社企顧問?

凌：這很有趣，我一向要求同事學習我所做的全部工作，他們一上手，我就功成身退，連我的薪金也會分給所有同事，日後我只分利潤。所以同事都會迅速學會我的工作，務求讓我「消失」。（笑）**同事有管理權就會有歸屬感。我也常提醒，說他們才是老闆，他們好好服務客人，客人願意光顧，才有可能交租和發薪。如是者他們會更為上心。**

這樣一來，我的時間就多了。有一天我看見報紙的招聘廣告，是社會企業商務中心招聘「開山」主管。那是社聯與滙豐銀行的合作，而我對社會企業及商界的配搭深感興趣；與此同時，我在東華三院教中風病人八段錦，有一位醫生看到廣告也着我應徵，我便試一試。我還記得跟我面試的是方敏生、蔡海偉和滙豐銀行亞太區企業責任及可持續發展部總監區佩兒小姐。有感這份知遇之恩，時至今日我們仍然友好，多年來為社會服務聯會做顧問也是收取友情價。

陳：你認為他們為何會賞識你?

凌：他們看中我同時擁有大型企業和中小企的工作經驗，因為社企需要中小企的經驗，但同時要應用大公司的技術，才能向公眾推廣新概念。再加上中大 MBA 這個有力的品牌，他們才認為我是合適人選。不過當時他們很好奇為何我不全神貫注經營自己的企業，我告訴他們這盤生意不依靠我也能運作如常，他們感到不可置信，三人一起到我的餐廳吃飯，發覺餐廳真的沒有我也運作暢順，才撮合了這段因緣。

陳：節目開始時，Melissa 問我為何做過銀行和 IBM，最後卻改為教書，而非繼續營商。原因是我在學校看學生的報告，把它修改到能登大雅之堂，讓他們找到屬於自己的舞台，那其實更有樂趣。

張：所謂「授人以魚不如授人以漁」，意思是與其給魚別人吃，不如教他捕魚之法，這樣才有意義。

凌：正是，我也常以美國西雅圖的派克市場（Pike Place Market）為例，那裏的魚販會把魚「飛」到顧客面前，甚至叫顧客接住那條魚，這種精彩的賣魚技巧令它成為舉世知名的觀光景點。這也是星巴克（Starbucks）在派克市場開第一間店的原因，**他們強調售賣的不是一杯咖啡，而是一項體驗**，這是從魚販得來的靈感。我常跟社企分享這個例子，**希望香港社企也能做到世界知名，為客人提供體驗**。

陳：這些成功例子引人注目之處，正是它們的成功關鍵；只要換個角度去看，就明白那些看來奇怪的做法一點也不奇怪。

凌：後來飛魚的魚販變成顧問，開辦的課程要價三萬美元一課，比一條魚升價千倍有餘。

陳：當然，他賣的不是魚，是背後的理念。Howard 就這樣轉型了，而憑藉的是一顆愛心。

．守業不是唯一出路．

張：有很多人把生意牢牢抓緊，不願下放權力，以免自己失去存在意義；但 Howard 很無私，希望同事都能獨當一面。其實不少社會人士都有心開辦社企，但面對租金壓力及與弱勢社群溝通等種種問題，要持續發展也不容易。時有聽聞有些社企開了兩三年，便因各種因素而結束。怎樣才能讓社企持之以恆、開花結果呢？

凌：每次開社企，我都會跟同事說，別想像它能夠經營一輩子，因為**每盤生意都會遇到很多風浪，也有可能會結業止蝕。但止蝕不代表失敗。**不少社企是由非牟利機構委派管理層來擔任高級經理，他們有的認為社企結業會為他的履歷留下遺憾；我每次都會跟這些非牟利機構詳細分析社企結業的原因，請他們不要歸咎這位經理。**雖然生意輸了，但他贏得經驗，我不希望企業因一次失敗而流失人才。**

我的同事經營社企失敗了三次，第四次我再給他機會開創另一家社企，所有股東甚至我太太都大惑不解，但我認為信任一個人是無條件的，結果第四次他成功了，社企持續至今。他在丹拿山經營一間會所的咖啡店，已經與客人打成一片。這是我多年來看生意成敗利鈍的經驗：**永遠不要把失敗歸於自己。你一定會成功，只是還未想到最合適的方案。**

陳：正如愛迪生（Thomas Edison）所說，失敗只是證明了這個方法行不通。變幻原是永恆，有說「創業難，守業更難」，**但我們為何要守業呢？我們應該不斷創業，十年前行得通的法門，現在不見得合適，我們要找的是屬於自己的藍海。**例如餐廳租金節節上升，可能是因為該區的經濟特徵已變，顧客群也隨之而變，餐廳其實也應該另覓新方向。很多人不忍心結業，誤以為只有守業一途才算成功，其實創業才是出路。

張：我們不能執着於過去的失敗及所經營的事業。你擔任顧問後，在短時間內幫助了五十多家社企和超過一百位弱勢人士就業。Howard，你今天要向我們推介一本書，是嗎?

凌：今天要介紹的是《與 CEO 對話：運籌帷幄》。這和我的自身經歷有關，太太懷孕時，我們的住處交通不便，因此我請了一位的士司機接載，他叫 Jackson。日子長了，我索性把錢寄存在他那裏慢慢扣車費。在的士上，他經常播放的就是《與 CEO 對話》，他甚至推介給我，說他像上了一門又一門的商科課堂。原來教授藉着大氣電波和書本，把 MBA 教育普及了，惠及各階層，那令我很感動。**這其實就是社企精神，提供各階層都受惠又可負擔的服務**，他們只要抽空聽聽節目，就能吸收知識。Jackson 也成為了我的老師，我在他身上學到不少，而 Jackson 也說從我身上學到社企知識，的士的確是一個文化交流的平台。

陳：在此也要感謝香港電台給我們機會，彼此合作，共同努力。讓我們堅持下去。

凌：另一位我想介紹的人是謝冠東，他是《與 CEO 對話》所有叢書的編輯。他也茹素，是我社企素食餐廳的顧客。每次他來，我都會多謝他，感謝他協助教授把知識傳揚開去。

張：原來我們也是社企。希望透過這個平台，能把商管知識和人生智慧傳遞給各階層，幫助有需要的人。Howard 的感恩之心十分崇高，很感謝你今天和我們分享。你還有一句金句：「Chop your own wood and it will warm you twice.（**自己砍柴，便可暖身兩次。**）」可以解釋一下嗎?

凌：這句話出自 Henry Ford（福特），是我從《讀者文摘》看到的。我覺得這就是社企的意義，**助人也同時能夠助己**。我幫別人斬柴生火，其實在過程中自己也出了一身汗，已同時為自己取暖。第二句金句是「**社企要營商揚善**」，這是許曉暉副局長說的，她每次開會都強調這句話。雖然她已離開我們，但她的精神長存，一直活在我們心中。

張：許女士的精神長留我們心中，Howard 今天的分享也一樣，謝謝你。現在請 EMBA 同學發問。

凌浩雲赴澳門出席「康復國際亞太區會議 2019」，談論社企的發展。

・沒有分別心，便沒有失落・

余仲虹（EMBA 2014 校友）：謝謝你的分享。我深感你的生命是給大眾的一份禮物，不斷為社會發光發熱。現時香港和世界時局動蕩，很多人長期不開心，你認為現在生存的意義是甚麼？

凌：「本來無一物，何處惹塵埃。」不論遇到社會事件還是疫情，我都常記着這句話。**如果我們看事情時，能夠明白一切本來由零開始，就能放下一些執着。我們還是初生嬰兒的時候，也是孑然一身，身無一物。只因我們熱衷比較，有了分別心，才會失落。只要我們把自己放在不同的位置，就會有截然不同的看法。**我的第一個小孩出生後，太太曾問我為何好像不重視自己的小孩。但在我眼中，我的小孩和其他小孩都是一樣的，我曾經真誠地說過領養也沒有問題。如果你把太多的愛放在自己的小孩身上，對他來說其實也是壓力。別因為某人待別人較佳、待你較差而感到不快；別去比較，放下才能自在。

何子龍（EMBA 2018 校友）：謝謝你的分享，我還記得你以前講鹹魚的故事，十分有趣。現時 5G 和人工智能相繼面世，社企會有甚麼改變呢？

凌：我曾經說過，如果有人賣鹹魚賣到無人能夠拒絕，這一定是高手。5G 和人工智能盛行促進了「社會智慧」（social intelligence），科網龍頭利用科技解決社會問題，甚至發展到某個程度，科技反而不是主菜，社會問題才是——我們要由社會問題出發，再構思科技方案。**科技就像單車，要靠人來駕馭，是一種工具，能對社會很有幫助。**我現時審核的初創社企項目當中，創科公司的

凌浩雲前往澳門九澳聖若瑟學校，講授人工智能和社會智慧。

比例已超過五成，科技可說是大勢所趨，並能協助社企發展。

賴珮君（EMBA 2020學生）：經營社企殊不容易，你會如何寄語給社企，鼓勵它們堅持下去？

凌：企業不論大小，營商者都要忙裏偷閒，所以我也會看看劇集。我想借用日劇《女醫神》（*Doctor X*）主角的故事，她堅稱自己永遠不會失敗，縱然每一集她都遇上困難，但因態度積極，手術最後總會成功。甚至後來她和師傅都病倒了，但她仍想盡辦法，令自己至少在意識形態上沒有失敗。正如我所說，**不要視社企結業為失敗，我們得到的是經驗、智慧和脈絡。而即使結業，我**

們也可本着雙贏的精神，華麗退場，讓所有人都對你印象深刻，那樣日後一定可以東山再起。

張：今天 Howard 和我們分享過佛家語，我也記得有一句話，説前世五百次回眸，才換來今生的擦肩而過；也許五百次的擦肩而過，才換來今次的對談。不論成敗，我們要相信這就是最好的安排。最後，請 EMBA 同學給 Howard 送上一首歌。

林肇琪（EMBA 2010 校友）：你的社企之路很漫長，由幼稚園到現在，你對所遇的人和事都充滿感恩之情，也幫助過很多殘障人士融入社會，令我深受感動。我想起盧冠廷的一首歌〈但願人長久〉，歌詞説「但願留下是光輝，像星閃照，漆黑漫長夜」，你就如同黑夜裏的星光，幫助社會上的弱勢社群。

凌：盧冠廷是我的好友，他雖然有讀寫障礙，但擅長作曲，而剛好妻子唐書琛文筆細膩，因此他們兩人可以發揮如同社企精神般的協同效應，一人寫曲，一人填詞。盧冠廷寫這首歌時，我們都住大埔仔村，我還只是小學生，正好住在他們樓下，常常和他的狗 Toby 鬧着玩。他也茹素，後來成為我餐廳的顧客，我們得以重逢，而因緣早便種下。

很多人以為這首歌是寫給情侶和朋友，但其實是寫給 Toby 的。牠離世時，盧冠廷夫婦在這首歌盡訴心中情。這也證明很多時候眼見未為真，此曲並不像別人以為般紀念人。但 Toby 就如同他的兒子，愛和尊重並沒有級別之分。

社聯所在的大廈有一個鄧肇堅銅像，我每次經過都會向它點頭，偶爾被人發現還以為發生靈異事件。（笑）近日我參與社企口罩計劃，在丁午壽先生的開達大廈辦公，那裏又有丁午壽父親的銅像，我同樣向它點頭，

儘管我不認識他。我點頭，是因為尊重前人的付出和貢獻，令我們得以有現在的空間和機會來創造價值。他們、我們和社會都是一脈相承。

實際上，我們都是凡人，都只會是過客，遲早也要交還這些借來的空間，但我們創造的價值，卻可以代代相傳。很多事物都是緣分，我們並不擁有，只是借用；這樣想的話，我們便會更珍惜得來的一切，並會在內心培養一份真正的尊重，因為凡此種種都是別人寄託到我們的手中。

06

與梁瑞安對話

科技界講求的是實力。剛開始時，其他人可能會對你抱有偏見，但當你能夠不斷證明自己的能力，這些偏見也會逐漸釋除。其次要 lead by example（以身作則），其他人才會信服。

梁瑞安（Shawn），中國抗體製藥有限公司創辦人兼首席執行官。

基層出身的 Shawn 有八兄弟姐妹，排行第六。因父母深信知識可改變命運，Shawn 自小勤奮讀書，培正中學畢業後考進香港中文大學，取得生物化學學士及碩士學位。其後赴英國牛津大學深造，兩年半內完成分子生物學博士學位。

在美國耶魯大學進行了兩年的博士後研究後，Shawn 加入一家美國生物技術公司，後來成為該公司的生物研發部行政總監，直至 2000 年回港擔任香港生物科技研究院有限公司院長為止。

2001 年，Shawn 成立「中國抗體」，公司於 2003 年開始正式運作，目前正在申請和擁有的專利超過二十個。2019 年 11 月，中國抗體製藥有限公司在香港交易所上市。

左起
張璧賢、潘嘉陽、梁瑞安

統籌　陳志輝教授及中大 EMBA 課程
主持　潘嘉陽、張璧賢
嘉賓　梁瑞安（中國抗體製藥有限公司創辦人兼首席執行官）
整理　謝冠東
錄影日期　二〇二〇年七月十三日

本章重點

- 自小努力讀書和習泳
- 熱愛科學，不斷鑽研
- 美國的生物科技優勢
- 領導團隊的技巧
- CRO 有利生物科技初創
- 回港創業的心路歷程
- 迎難而上的辛酸
- 未來製藥的重點
- 香港具發展潛力
- 好書與人生格言
- 國際紛爭對創科的影響

潘：潘嘉陽
張：張璧賢
梁：梁瑞安

·自小努力讀書和習泳·

張：2020年的日子確實不易過，要花許多力氣才能壯志高飛，現在出門忘記帶錢包、電話也不要緊，最重要是戴口罩，這段時間要保持正能量的確困難重重。而潘教授總是能維持24.5歲的心態和青春活力，所以又名「Professor 24.5」。在這艱難的時刻，我們怎樣才能積極起來呢？

潘：人生不如意事十常八九，難道要浪費時間怨天尤人嗎？倒不如利用這段時間學習，整裝待發，一旦市況逆轉就能把握機會。

張：陷入低潮的時候，我們也能嘗試維持樂觀積極，甚至自嘲。我最近讀過一首頗有趣的打油詩，富有正能量：「一月疫情二月封，三月四月困家中，五月坐食山也空，今年唔死算成功（死不了便是成功）。」

　　這首打油詩提醒我們要保持打不死的精神，也讓我想起本集嘉賓梁瑞安博士（Shawn），他也説過「唔死算成功」，尤其是最初創業的時候。歡迎Shawn。想請問一下，對科技初創企業來説，結業是否常態呢？最近的結業潮難免令人心灰意冷。

梁：生物科技公司或其他科技初創結業，與經濟環境的關係不大。有些科技初創的想法天馬行空，吸引了天使投資者或創業基金，但當這些想法不能實現，便可能會結業收場，那極為常見，機率逾九成，已經超越了十常八九。

張：企業能夠生存，繼而上市，確實不易，今天請 Shawn 分享他的成功故事。儘管「不如意事十常八九」，但最重要是保持積極，把握危機中的機會。是次疫情重創不少企業，可是對製藥公司而言，是否一個機遇呢?

梁：沒錯，大體可分成兩部分，分別為已有產品上市和未有產品上市的公司。疫情令人們更關注健康，並明白到科研對健康的重要性，因此更願意投資和使用創新藥物。但是，有機亦有危，整體投資環境轉差，要吸引投資者選擇自己的項目，便要各施各法，加強藥物的優勢。

潘：我最近完成了一項簡單的研究，發現在疫情之下，各大企業最感興趣的投資項目就是科技，而其中最受關注的正是生物科技。

張：研發生物科技要百折不撓才能成功，很講求決心和韌力。Shawn 經歷過無數失敗，公司甚至曾面臨結業危機，但你也能堅持下去，這跟你的成長背景有關嗎?

梁：是的，在中學裏大家都要力爭上游，沒有全力以赴就很難入讀大學，尤其在我的年代，要讀大學是相當困難的。後來我考取英國的 PhD（哲學博士）學位，也面對不少競爭，這些都訓練了我的耐力。而創業的主因是，我堅信我的產品能夠成功，這種信念不是宗教式的信念，而是從科學的角度，相信這個研究方向能取得成果。基於這個信念，我才能一直堅持下去。

潘：相信你的成長經歷對你有不少影響，可以談談你的家庭和成長背景嗎?

梁：我的家人非常重視學業，深信知識改變命運。我的大哥是電機工程學的PhD，弟弟是一名牙醫，大哥從小便會鞭策我們，說讀書是唯一的出路，所以我們八兄弟姐妹都孜孜不倦。我生於基層家庭，鄰居的小朋友都會去踢足球、去玩樂，而我們卻只會專注讀書。

張：對小朋友來說，踢球是一種難以抵抗的誘惑。

梁：也是的，但剛好那不是我的興趣，我比較喜歡游泳，曾在兩大（港大和中大）游泳比賽中打破紀錄。我較為擅長短途的蝶式比賽，平日練習則以長途自由式居多，至今我依然堅持習泳。

潘：游泳只能在同一線道裏來回往復，在這個時候你腦海裏會想到甚麼?

梁：游泳這種運動，在下水之前，我們總會想到很多藉口放棄；下水之後，又可以找到其他藉口上岸，要持續訓練就需要堅持。如果沒有堅持，自然就不能完成練習。游泳亦能訓練專注力，要靜心專注練習才能完成目標，一旦分心思考其他事情，就很容易會放棄，無法再游下去。而專注和毅力對我從事的行業相當重要。

張：專注固然不可或缺，但在開竅和考入大學的過程中，想必有個轉捩點。

梁：在我讀中五的聖誕節，嘗試做past paper（歷屆試題）的時候，發現自己一題也不會答，但是會考將至，所以我非常緊張。其實我一直以來說不上勤奮，但那個聖誕假期我不斷通宵溫習，用黑咖啡來提神，並養成了喝黑咖啡的習慣。我明白到除了埋首溫習，也要了解考試策略。

後來成功考入香港中文大學，那時很多人告訴我大學第一年不用讀書，只管盡情享受，我信以為真，不斷「走堂」（曠課）。大二的時候，我才認真學習包括 organic chemistry（有機化學）和生物等科目，那必須努力研習，無法僥倖過關。我發現這些知識難以掌握，於是嘗試在理解後畫圖來梳理概念，幫助記憶。每個人都有各自的讀書方法，而這個方法對我相當有效。

·熱愛科學，不斷鑽研·

潘：你在大一的時候，已經決定要考博士學位嗎？還是你有當醫生的想法？據我所知，大學生可以轉科，譬如生物化學系的學生可以轉讀醫科。

梁：我在 1980 年入讀中大，而中大醫學院於 1981 年開始招生，因此 1980 年入學的學生，不少都希望在 1981 年轉讀醫科，並選讀生物化學作為墊腳石。當屆學生的收生成績也特別好，聽說會考平均有三個 A。但我是全心全意讀生物化學的，因為我喜愛生物和化學這兩科 —— 雖然我不太清楚甚麼是「生物化學」，但是看上去就是與這兩科有關。

我對探索科學的興趣大於從醫，當時班上有五、六十位同學，大部分都希望轉讀醫科，因此我們要與物理系本科生一起修讀俗稱「殺人科」的物理課程。我認為有點說不過去，於是便跟系主任商量，告訴他班上有兩批同學，有一批不打算轉讀醫科，所以沒有必要修讀本科程度的物理。最後他接納了，在下學期調整了課程。

潘：Shawn在成長過程中，表現出主動的一面，敢於向系主任提出變更課程，果然是推動創新的人才。

梁：主動積極是創新的必要元素，以募資為例，我們不可能守株待兔，等別人主動來聯絡自己。**儘管我們跟很多人解釋公司的業務，但願意深入了解的人很少，而當中會做due diligence（盡職審查）的更是少之又少，最終真正投資的人只會更少。因此，不夠主動就不可能成功。**

張：主動積極很重要。你強調自己無意轉讀醫科，但是很多父母視醫科為首選，你的想法為何會如此清晰，知道自己與醫科無緣？

梁：有幾個原因，首先我喜歡探索多於應用，那給我的滿足感較大；再者從醫會經常面對生離死別，我擔心自己會漸漸變得麻木，我不想這樣；加上家人也沒有給我壓力，所以沒有選讀醫科。

張：生物化學畢業生多會做中學老師，或者像你一樣繼續深造。你在中文大學修讀碩士，後來更入讀大家夢寐以求的牛津大學，你是何時萌生出外走走的念頭？

梁：當年生物化學畢業生的出路不外乎是做老師、深造、EO（行政主任）、AO（政務主任），或者隨着中國大陸剛剛實行改革開放，尋求到內地發展。出路不算多。

然而，在大三的時候，我讀到一篇文章講述生物科技的誕生，當中借助了分子生物學的知識，我遂發現原來科學出身也可以從商，因此興致勃勃，希望發展製藥事業。

潘：中文大學有沒有哪位教授令你印象深刻，讓你認識到這個全新的領域?

梁：我的碩士指導導師梁國南教授引領我認識免疫學，對我影響深遠。

到牛津修讀分子生物學後，我才對這門課有初步認識，簡單來說就是將基因分拆，然後重新組合成新的蛋白，而這些蛋白可以變成一種藥物。雖然當時這概念未被證實，但已令人相當興奮，鼓勵了我向這方面發展。

張：牛津大學的學費不菲，出身基層的你能夠負擔嗎?

梁：那時的我唯有考取獎學金，否則不可能應付全程學費。當時我參加了全球首屆的ICI Oxford Scholarship計劃，由港大、中大和理工學院各選拔兩名學生競逐獎學金，而名額只有一個，我成功了，同時亦得到Croucher Foundation（裘槎基金會）的獎學金。ICI Oxford顧名思義只能用於入讀牛津大學，Croucher就沒有限制，而我當時同時獲劍橋和牛津取錄。我在讀碩士時已獲Croucher支持，本來打算繼續接受它的資助，但是我已經答應了ICI，系主任說既然我答應了，就要一諾千金，所以我選擇了ICI Oxford。

張：當時競爭激烈，你如何脫穎而出?

梁：評審問我為何想鑽研生物科技，我便提起大三那年讀的文章，而我之後也有研究，於是向評審提出生物科技可以透過上市集資，生產產品，改進人們的生活和健康。評審也問了一個棘手的問題：全球人口過多，你還要研究救人的科技，似乎有點矛盾。我的回應是：科技本是用以解決人類的問題，我希望解決健康的問題，同時自然會有其他科技紓緩能源短缺和過度擠迫等問題。我相信他們滿意這個答案。

潘：以環保科技為例，改善了環境問題，就能容納更多人口。

張：牛津大學對你來説是一片新天地，你在這裏得到甚麼啟發，奠下怎樣的基礎?

梁：在牛津大學，我發現自己有很多不足之處，但是知恥近乎勇。牛津大學的學術氣氛甚好，在實驗室中，即使是向別的團隊求教，他們都會樂於協助，可見牛津大學是傳統的科研勝地，別具優勢。此外，教授在經過實驗之後，會在課堂上推翻某些理論，令我大開眼界，感受到我們正在進行尖端科研。

張：聽説你在牛津除了擴闊視野，當地人同樣開了眼界，因為你的生活作息與他們截然不同。

梁：一般來説，學生和教職員早上九時到達實驗室，下午五時左右便會離開，中間還有早上十時和下午三時的茶點時間，星期六日就不會現身。而我從早上開始做實驗，晚上回到宿舍吃晚飯後，又會再到實驗室。做實驗有時候會有一兩個小時的等待時間，我就讀的 Sir William Dunn School of Pathology（威廉・鄧恩爵士病理學院）地庫有個地方給病人休息，我便會拿着鬧鐘到樓下小睡片刻（笑），直到鬧鐘響了，我又回到實驗室。教授也發現他上班、下班，甚至特意回來做實驗的時候，都會見到我，我在那裏幾乎足不出戶。

張：你對實驗的狂熱，反而為牛津帶來了新常態。據説攻讀博士學位至少需時四年，但是 Shawn 只花了短短兩年半。

梁：其實我大概只花了半年時間，已經在備受學界推崇

的 *Nature* 期刊發表論文，按道理有這份論文已經可以畢業。但是「可以」畢業不等於「應該」畢業，因為我的知識依然不足，所以我繼續埋首研究，直到完成畢業論文，然後再跟教授討論博士畢業後的意向。

·美國的生物科技優勢·

潘：據我所知，美國才是生物科技的主戰場，如是者你便要告別當時的指導教授，要作出抉擇，對嗎?

梁：是的，我畢業後獲得新加坡國立大學的聘書，可是投身生物科技界才是我的志願，而且我需要親身進入這門行業，才能得到課堂以外的知識，了解業界的實際要求。為了踏足業界，我首先要完成與藥物有關的研究項目，所以要前赴美國這個生物科技聖地——時至今日，美國依然是生物科技最頂尖的殿堂。於是我跟指導教授說，希望可以到美國，鑽研與製藥息息相關的分子免疫學。通過他的網絡，我認識了耶魯大學大名鼎鼎的 Richard Flavell 教授，他曾任職大型藥廠的總裁，後來因為嫌悶，而且已經賺夠了，便重返校園，到耶魯大學教書。我向他學習，便較有機會跟業界聯繫，因此我去了耶魯大學，進行為期兩年的博士後研究。

潘：營商的人要發展事業，也必須了解產業生態，而英國的生物科技生態就不像美國蓬勃。英國的研究環境可能還算不錯，但美國會有更多投資者和藥廠，生態較為成熟。

梁：英國的科研和基礎研究成果相當出色，所以他們會笑說美國人有「not invented here syndrome」，意思是新科技的發明地從來不是美國。英國經常都有科技發明，包括由劍橋大學發明、榮獲諾貝爾獎的單克隆抗體，以及抗體人源化技術，其中單克隆抗體更幫助業界發展出百多種藥物。英國奠定了基礎，但美國才是把科技應用和發揚光大的地方，世界頂尖的專利均由美國奪得，因為英國的市場規模較小，股市交易量也不像美國 Nasdaq（納斯達克）般龐大，加上美國投資者願意投入高風險項目。如是者，它既能集資進行科研，也有足夠的醫院進行臨床一、二期的實驗，以及有藥監局監察藥物研發過程，最後還有保險公司負擔昂貴的藥價，以至完善的專利制度。只有美國才擁有這樣完整的全產業鏈，英國相對較為遜色，只有偶爾一兩家藥廠能夠成功。至今我相信美國依然手執全球生物科技的牛耳。

張：美國的全產業鏈和生態較為成熟，你在耶魯大學加強與業界接觸，但是讀書和工作之間，始終仍有一步之遙。在耶魯大學畢業後，是甚麼契機讓你踏足業界？

梁：在大學時，教授普遍只會提供學術發展的指引，因此加入藥廠遠比留在學界困難，需要自己積極爭取機會。當時我閱讀業界期刊，看到有獵頭公司的廣告，就把履歷寄過去。因應我的背景，它為我配對了一家專門開發抗體藥物的公司，我遂開展了生物科技的事業。

潘：你在寄出履歷時，如何令僱主留下深刻印象？

梁：我相信學歷是一個重要因素，加上我清楚闡明了為何希望投身這門行業，而我修讀的學科如分子免疫學亦與抗體研究一脈相承。適逢 Immunomedics Inc. 需要這類技術和知識去開發相關產品，便聘用了我。

·領導團隊的技巧·

張：美國是生物科技的王國，業界的科學家全是頂尖人才，作為亞洲人，你當時如何與他們相處，又如何領導他們?

梁：科技界講求的是實力。我幾位前任的表現都未能達到公司的要求，而我在入職後很快就證明了自己勝任愉快。**剛開始時，其他人可能會對你抱有偏見，但當你能夠不斷證明自己的能力，這些偏見也會逐漸釋除。其次要 lead by example（以身作則），其他人才會信服。**例如我要求同事準時，我便總是最早抵達實驗室，上午七時已經開工，風雨不改。即使其他員工因為暴風雪不能上班，我也會回到公司，因此我的下屬從不會投訴或抱怨這些規定。

張：相對於英國人，感覺上美國人較為進取，你又會否比他們更為勤奮?

梁：勤奮是必然的。美國人在上班時會全情投入，但下班以後就會放下工作，享受自己的私人時間；但我在下班後，仍然會時常留在辦公室，即使周末也會上班，甚至我的上司也因此特別召開會議，希望其他同事能向我學習。

張：也許 Shawn 正為同事帶來了新常態，平日勤奮之餘，連周末的時間也不要浪費。除了要以身作則，令下屬信服以外，與同事和諧共事也很重要，你會如何形容自己的領導風格?

梁：首先，我很注重團隊合作，希望同事之間能夠有良

好的溝通，每個小組的領袖都能夠獨當一面，還鼓勵他們嘗試去超越我，讓我能倚賴他們；我亦要求他們不要忌才，要聘請比自己更強的人，那樣團隊才能進步。其次，我會強調自己並非僅僅為同事提供一份工作，而是為他們建立一個職業生涯；生物科技是朝陽行業，只要他們能在這裏證明自己的實力，就能在這個行業發光發亮。第三，我們會向主要員工提供stock options（股票認購權），讓他們成為股東，更積極為自己和公司打拼。

張：很多領袖往往忌才，不願意聘請比自己強的人。何以你有胸襟接納將來能挑戰自己地位的人？有否憂慮被取代？

梁：我從來沒有這種憂慮。如果有能力坐上我的位置，就代表這個人能帶領公司更上一層樓；若他能夠向董事局證明自己的實力，我也會感到很高興。

張：你最終在美國工作了十一年，而且只花了五年就晉升為執行董事，你平步青雲有何秘訣？華人的身份又有何影響？

梁：除了美國人，公司也會聘請華人，但我是執行董事中唯一的華人。我認為這除了是認可我的能力，亦因為當時的老闆是一位猶太人，對華人會相對包容，再加上我剛入職，就能做到前幾任所未能完成的事，老闆自然對我留下深刻印象。

張：除了工作，可以分享一下在美國的生活嗎？

梁：除了平日上班，最主要就是在周末享受家庭生活，例如打理家中的草坪，冬天要winterize（為過冬作準備），春天則要杜蟲，可謂十分忙碌。如果想與朋友聚會，就要事先跟他們預約，不能興之所至就出來一聚，這是美國的文化之一。當時太太在紐約工作，我放假時也會到紐約陪伴她，最喜歡的就是到唐人街吃中國菜。

張：在美國的十一年間，Shawn 建立了自己喜歡的事業，也適應了當地的生活，但最終卻在 2000 年回流香港。緣由稍後再談，現在請同學向梁博士發問。

CRO 有利生物科技初創

陳益惠（EMBA 2021 學生）：得知教授非常積極主動、目標清晰，想請教你在事業生涯裏，有哪些難忘的經歷或困難，改變了你後來的管理和決策方式?

梁：成立新公司的時候，其中一項重要考慮就是資金。在未賺取盈利之前，一家新公司需要不斷籌集資金，整個過程相當困難，因為所接觸的投資者中可能只有 1% 感興趣，當中又只有 1% 會願意注資。在決策上，研發藥物涉及數以億計的成本，所以必須小心選擇研發的對象，否則便會血本無歸；即使可以研發多種藥物，但因為成本昂貴，我們不可能全數進行，只能謹慎地作出權衡。決定藥物以後，還要思考在哪個地區研發的成功率或效率較高，以及要從哪裏招聘人手。這些決策背後需要依賴大量科學數據支持，但是數據也有可能失準。總之在**營運時，需要時刻考慮自己手上擁有的資源，然後作出對公司最有利的抉擇。**

潘：Shawn 指出了一個重點：當我們經營企業時，往往需要作出許多抉擇。哲學家卡繆（Albert Camus）說過：「人生就是所有抉擇的總和。」這對於企業而言也一樣，領導層的決策決定了企業的發展。你的母校或朋友又曾否啟發了你，助你掌握決策之道？

梁：由於我是科學家，許多決策都是建基於科學，透過閱讀不同文獻，然後從研究中得出結論。但自己能想到的，往往其他人也能想到，要脫穎而出就需要創新思維。我認為香港同事的辦事能力普遍很強，但在創新方面仍有待提升。我也無法解釋自己的創新能力從何而來，可能只是依靠靈感。

王錦勝（EMBA 2020 學生）：新藥品的開發周期都比較長，想請教梁博士在風險受控的情況下，會如何利用周邊技術加快藥品研發的速度，從而造福社會？

梁：如果在二十年前，我會回答沒有選擇，所有工序只能親力親為。到了今天，整個行業的生態系統已很完善，企業可以借助 CRO（Contract Research Organization，受託研究機構）完成某部分工作。例如若要為產品質量作測試，以前只能額外招聘專才，並且長期留任，現在則能外判給 CRO。生產方面，我們以往會投資數億資金建造生產線，但一般初創企業根本難以籌備這筆資金；現在的初創則可以委託 CRO 生產藥物，然後吸納資金，完成臨床實驗，再選擇自行生產或繼續把工作外判。因此，透過 CRO 及完善的產業鏈，整個製藥工序就變得較為容易。舉另一個例子：在三十年前，搜尋學術期刊或論文要特意到大學圖書館，即使公司本身有圖書館，文獻也不可能一應俱全；但時至今日，不論公司規模大小，只需要透過互聯網就可輕易查閱學術文章。

潘：Shawn 所說的為我帶來一些啟發。他非常熟悉自己的工作和行業，所謂「有諸內必形諸外」，他的靈感其實源於閱覽大量文獻，累積豐富經驗，當遇上機會時，自會思潮泉湧。

張：機會是留給有準備的人，Shawn 當年在實驗室不眠不休，甚至周末也會上班，累積了經驗才取得今天的成就。把握時機學習非常重要，所以 Shawn 今天為大家帶來許冠傑的〈學生哥〉。

梁：沒錯，知道很多學生因為疫情而需要在家學習，我認為**學習科學必須不斷複習才能取得進步，而往後的職業發展趨勢也會和科技大有關連**，所以我希望學生能多花時間打好基礎，在此獻上此曲。

·回港創業的心路歷程·

張：Shawn 在美國發展事業，五年後便升任執行董事，本應大有可為，為何在 2000 年回流香港?

梁：因為對香港有一份情懷。我生於基層家庭，香港給了我讀書的機會。然而當時大學畢業後，在香港可能只能教書，出路不多。但是在 2000 年，前特首董建華大力鼓勵發展生物科技，我在這方面能有所貢獻，便回來了。當然也不無犧牲，當時我在美國手持的生物科技股票升幅迅猛，雖然有一半的股票認購權還未到期，但仍放棄了它們，希望能協助香港發展生物科技。

潘：Shawn 不單在金錢或股權方面作出抉擇，也離開了以往的生態。在美國，你希望一展抱負，當地也有一個可以依靠的生態和平台。可是回港後，可能覺得相去甚遠，你是如何看待?

梁：當時我認為香港的生物科技研究院可以成為製造抗體藥物的平台。我不想依賴任何一個平台，希望自己創造一個。我認為這是可行的，才選擇回來。可是後來發現，香港政府對生物科技的看法和我並不一樣，較為偏向中藥。因為發展方向有別，我決定離開，加上看到中國深富潛力，所以成立了中國抗體，希望能在國內發展抗體藥物。

張：雖然 Shawn 當時希望貢獻香港，但也殊不容易，因為有來自世界各地的競爭對手，應徵香港生物科技研究院院長一職。你當時只有四十歲，評委全是響噹噹的人物，你如何説服他們你勝任院長?

梁瑞安博士是中國抗體製藥有限公司的創辦人、主席兼首席執行官

梁：其實很簡單，我講述自己在美國做的事。事實上，我是正統的生物科技人員，能夠講述自己的做藥經驗，包括臨床實驗。當時較少人持有這種經驗，評委大概看中這一點。

張：評委都是厲害的人馬，對嗎?

梁：對，有高錕教授、李國章教授，還有其他知名人士。

張：你當時希望一展抱負，為了回港作出很大犧牲，卻又馬上轉身離開。

梁：當時我在美國連根拔起回港，但是沒料到政府會請另外一些人來評估如何發展生物科技。那個團隊認為香港背靠內地，而中國的強項是中藥。我並不認同這種判斷，也不懂中藥，最熟悉的是抗體，也相信抗體藥物將會舉足輕重。

時為 2000 年，抗體藥物也就是標靶藥才剛為人所認識，市場上大概只有五種藥物。時隔二十年，現時則已有逾百種藥物。在那個年代，大型藥廠一般不會涉足抗體，因為尚未觀察到抗體的潛力；相反，今天所有大型藥廠的主要研究項目皆是抗體。如果 2000 年我們把握了機會，在生物科技研究中心以抗體研發為重點，可能會成為亞洲的代表。

潘：「道不同，不相為謀。」你要再作抉擇。你本來領導一所研究院，離開後你轉用一個怎樣的載體? 自己創辦公司?

梁：沒錯，但是這個抉擇相當困難，因為研究院院長是一份安穩的工作，政府有甚麼委託，跟從就是了，但這與我的信念背道而馳。此外，當時我和政府官員約了一班專家到內地視察，雖然中國那時的發展程度有限，但已能看到潛力，因為有市場，也有很多科學家和醫院，以及藥監局。雖然當時科學家的水平不足，藥監局的發展亦未完善，但假以時日便能有所進步。再加上，如果在國內發展，我便是唯一擁有這種知識的人，這個機會實在太吸引了。

張：抗體藥物由五種發展到逾百種，香港真的錯失了先行優勢，現在會否為此感到有點遺憾？

梁：也不會，我認為香港發展生物科技仍是大有可為。香港雖然地價貴，但是大學訓練出來的博士生和碩士生都屬高水平，如果發展一個「上游研發」的中心，絕對是可取的。好處在哪？在於中國有一個很大的市場。**科研要申請專利，或是要進行最尖端的科研，都可以在香港進行，然後既可以借助中國大陸的舞台，又可以向外延伸，往歐美發展**。在香港跟外國公司進行科技合作項目也較內地容易，因為外國人對香港較為熟悉。

‧迎難而上的辛酸‧

潘：所以你兜兜轉轉又回來香港了。我們往往不用過度失望，人生不如意事就是十常八九，但我們可以像 Shawn 一樣主動積極。現在你既有發展的舞台，也擁有資金和人才，這個界別在中國是否已慢慢形成一個生態？

梁：當時中國的科研人才，很多都是從美國學成回流，帶來各種經驗；而剛才所說的 CRO 在中國已如雨後春筍，但是仍欠缺一個環節，就是融資平台。美國為何如此成功？因為有 Nasdaq，Nasdaq 不要求企業在上市前有

中國抗體製藥有限公司於主板上市

盈利，可是我們的金融體系卻有這項要求，這對很多初創企業而言有難度。在 2017 年 12 月 15 日，我記得很清楚，港交所調整了《主板上市規則》，增設了「第 18A 章：生物科技公司」，允許生物科技公司在未有盈利之下於香港主板上市，前提是滿足某些相當嚴謹的條件。

張：為甚麼會有這種轉變？為何港交所的李小加有這個想法？

梁：我不知道他何以有這個念頭，但我感到他的確是高瞻遠矚。一直以來，我認為香港和內地已萬事俱備，就缺了這一塊。李小加宣佈第 18A 章後，最缺的一塊便補上了。

張：那就是資金。但是回溯 2000 年，即使看見市場和機會，要成立中國抗體製藥這家公司仍是困難的。因為當時內地的生態可能以抄襲和跟風為主，較少着重創新，你也需要花較多氣力來游說，對嗎？

梁：對，這是相當困難的。由 2000 至 2015 年，國內以抄襲為主，而藥監局是較為保守的機構，如果那是他們前所未見的全新產品，不肯定臨床實驗有沒有副作用，它不敢批核。醫院也一樣，如果是創新藥物，醫院未必允許你做臨床實驗，因為它們也怕出錯。多年過後，中國的創新氣氛已相當濃厚，可是在我創業早年，創新是負資產；但我是科學家，創新是我的天性。我認為這是一個機會，雖然這機會未成熟，但是我想：**如果所有人都看到這是一個成熟的機會，你才上馬，就已經太遲了。例如現在有新公司想成立，想融資，會困難很多；如果想到達我們的水平，擁有自己的藥廠和場地，那就更困難。**

張：當年你遇上困難，轉捩點是甚麼？你如何打響中國抗體製藥的名堂？

梁：最初的七、八年都在艱難中度過，如開場所說：「唔死算成功。」我們經歷很多瀕死的邊緣，後來終於捱過去了，得到臨床的批文。那算是說服了藥監局讓你在病人身上做試驗，成績已算很好，但仍有人懷疑：「為甚麼不抄？為甚麼要創新？」這是他們的常態。

經歷了許多瀕死的經驗，終於在 2011 年遇上了一直希望投資創新藥物的伯樂。這是機緣。那群投資者是讀醫藥出身的，過去也不愁生計，但他們人生的弘願是創造新藥。雖然自己做不來，但仍可以投資，便給我們注資。他們的資源，包括人脈資源都很出色，給我們介紹了很多藥廠。當然最重要的是完成二期臨床實驗後，結果令人很滿意，他們更信任我們。時至今天，我們的投資者基本上都同時是合作伙伴，在各方面幫助我們，讓我們能更快捷地融資和找到合適的人才。他們能在國內找來相關專才，遠比我盲目招聘來得容易。

潘：要成功，不能單靠千里馬，還要有伯樂。不過在Shawn的例子，他的伯樂不是一般的伯樂，更是跟他一起跑的千里馬。

張：你曾經陷入艱困，公司幾乎結業，可否談談這個險象?

梁：就是資金差不多耗盡，我跟同事說捱到發雙糧之日就結業了，至今已發生過兩次，但每次在最後關頭都有人注資，所以仍能倖存。有的公司倒閉了，可能是因為找不到新資金；初創基本上都是不斷掙扎。後來跟從事高科技的同業談起，他說：「現在你看到這麼多成功的巨擘，其實都經歷過資金鏈瀕臨斷裂。」

潘：你能成功闖過這些難關，也與你的心態有關。

梁：我認為毅力最重要。而且必須相信自己所做的事，這並不容易。因為我是讀科學的，從事這行業多年，看了很多資料，所以我能夠相信這是正軌。**當你相信這件事，那即使面對重重困難，也會堅持下去**。我相信中國會是未來生物科技的王國，所以不想輕言放棄，喪失參與的機會。這些信念一直支撐着我。

張：當你準備結業的時候，碰到了甚麼機緣？難道這是命運的安排?

梁：一般人可能會說這是命運，但我認為這是源於我不

斷嘗試。就算我已支付遣散費了，如果有人約我去談一個項目，再遠我都會赴會。我不會放棄。這不一定是主要原因，但也是一個不可或缺的原因，要成功一定要有這種態度。

潘：Shawn 的成功之道，其中之一是主動積極，另一個條件是習泳所鍛鍊的體力和毅力。

張：你們於 2019 年底在香港上市。過往，融資是你們最大的難題，那有沒有考慮過在內地上市?

梁：曾經考慮過，我們有幾位投資者曾提議在新三板上市。雖然新三板的交投並不活躍，但可作為踏腳石，再轉為以 A 股上市。這種做法較耗時，而正當我們準備把整個架構調整至符合新三板的上市規定，2017 年港交所的第 18A 章便出台了。我們馬上重整公司架構，以符合在香港上市的條件。

張：這就是機緣。但是在香港或內地上市，對你的公司有何重要性?

梁：我較偏向在香港上市。我們的基地在香港，不在香港上市有點說不過去。另外，香港始終是一個國際平台，既可以往國內發展，也可以向歐美拓展，所以我認為在香港上市別具優勢。

·未來製藥的重點·

張：目前抗體藥物已超過一百種，並有許多製藥公司爭逐這塊肥肉，你的公司怎樣定位? 專長是甚麼?

梁：如果要研發所有藥物，我認為是有難度的。有些公司的研究項目較為分散，我們則較為專注，只做免疫系統相關疾病，即自體免疫性疾病，例如類風濕性關節炎、紅斑狼瘡，甚至天皰瘡，此外還有濕疹和哮喘。跟免疫系統失調有關的疾病，我們都會研究，但以濕疹來說，研究對象不是用類固醇就能醫治的普通濕疹，而是較嚴重的濕疹。

張：即那些連臉也潰爛的。

梁：對，只有極為嚴重的，我們才會處理。如果其他藥物已能醫治，誰又會願意支付較為高昂的藥費？而且做藥的話，當然希望針對頑疾，所以我們研究的全是難以治理，甚至至今仍然無藥可治的疾病。唯有這些情況，我們才會借助生物科技。

張：這些年來，你們已在內地建立了根基，接下來打算怎樣發展？

梁：國際化。我們在澳洲也設有辦公室，正在當地做臨床實驗。再接下來，下一項產品的第一個臨床實驗會在美國進行。但現時發生中美貿易戰，我們不肯定會否順利。就算不在美國進行，也會在歐洲，但仍會按照美國藥監局的要求。

張：你選址有甚麼考慮因素？

梁：每個地方都各有法規和要求。在生產藥物的場地方面，中國有中國的要求，美國也有美國的要求，所以在中國做臨床實驗，美國不一定會認可，反之亦然。後來有了 ICH（國際醫藥法規協和會），讓藥物可以一次過取得多國認可。美國的藥物為何能進入中國？因為有登記和註冊的機制。但是各國法規仍有獨特性，不是每種藥物都能取得所有地方的認可。

張：會否看市場？例如某種藥物在歐美較具市場，便去這些地方做臨床實驗。

梁：會的。例如治療多發性硬化症的藥物，在美國很有市場，在中國卻是孤兒藥（orphan drug），即是在中國發病的人相對少。不同種族有不同的常見疾病，例如中國人的肝炎個案特別多。

潘：你立足香港，放眼世界，那你是基於甚麼原則決定發展地點的先後次序？

梁：很實際的，看資金需求。當初在中國發展，對資金的要求沒有美國這樣龐大。為甚麼現在可以赴美？因為資金充裕了。再加上我們已在中國證實了產品的效用和我們的能力，建立了一個立足點。

張：我們總有一種刻板印象：科學家都是關在實驗室裏對着試管做實驗；但 Shawn 不單是一位科學家，更是一位市場推廣家。兩種身份性質不同，你是如何把兩者契合，入得實驗室又出得廳堂？

梁：其實這樣的人早就存在，只是在香港較少見，因為這裏缺乏讓他們成長的土壤。現在土壤已經成熟，我相信也希望香港以後會冒起更多比我優秀的人才。

潘：Shawn 提到在英國發明一種藥物後，需要到美國才能落地生根，開花結果。原因在於美國能讓其 commercialize（商業化）。Shawn 應該也在美國學到這種「把科學變為商業」的技巧。你在中文大學裏又有沒有相關得着？

梁：當然，我的根基來自中文大學，包括我唸的大學本科、碩士及 EMBA。EMBA 帶領我接觸商業社會，認識其語言，學會以不同角度看待事情。

張：我想再了解一下製藥。你們優先考慮的到底是「要較快推出藥物」，還是「這個市場還沒有人開拓，就由我來當先驅」呢？

梁：如果能快，當然越快越好；但製藥並非說快就快，須符合法規要求。藥物要先達到既定水平，才能獲准進行臨床實驗，而臨床實驗需要進行一期、二期、三期……之後還要分析數據，最後才獲准上市。Covid-19 的疫苗能快速推出，是一個特例，並非常規。

速度確實是製藥時的考慮因素之一。以孤兒藥為例，針對的患者少於二十萬人，藥廠多會因為無利可圖而不做；但製造這種孤兒藥，藥監局會批准我們獨家售賣七年，以鼓勵藥物發展。如果某種病本身無藥可治，藥監局更有機會給予 conditional offer（有條件接納），在二期臨床實驗後就容許藥物上市，加快製藥。

是以我們會把這些都考慮在內：藥物是否孤兒藥？之後能否轉型成為大眾化藥物？因此我們經常跟臨床醫生溝通。通常一種抗體不會只能治一種疾病，而是能夠治好幾種，我們可能先做孤兒藥，再逐漸擴大其應用範圍。例如 1997 年推出的藥物美羅華，獲批時是專治淋巴瘤的，在美國是孤兒藥；後來發現它亦可治類風濕性關節炎，亦能通過 off-label use（藥品標示外的使用方式）來治理紅斑狼瘡。這種藥物的功能至少擴大到針對七、八種不同疾病；時至今日，依然在不斷擴展。

一種抗體藥能醫治不同病症，但到底要先研究治理哪種病呢？這也是一個策略問題。除了製藥速度外，市

場大小、競爭程度亦是考慮因素。如果全世界只有我們針對某種疾病，那我們會優先發展，而非投身大型但競爭激烈的市場。

潘：這是找到 market niche，即利基市場。Shawn 因對市場非常熟悉，能輕易找到創新的靈感，把原有的 market segment（市場劃分）延伸開去。其實要創新，除了透過學習得來的 framework（架構、框架）以外，當我們對某個範疇滾瓜爛熟，就會產生「專家靈感」。例如籃球明星射球精準，就是因為經過無數練習，自然熟能生巧。

張：就像 Shawn 一樣，對藥物非常熟悉，能夠倒背如流。我們則只知道做一種藥，至少需時數年。

梁：講一件趣事。我參與過國內的創新論壇，這種論壇通常都由 TMT（Technology、Media、Telecom，數碼新媒體）行業先發言，我們跟隨其後。TMT 行業的 CEO 大概都是三、四十歲，但到我們生物科技行業的 CEO 上台，就全都是老頭子了。由此可見，我們這門行業要投入許多歲月才有收成。

張：你認為在製藥方面，美國和中國會怎樣互補，各自具備甚麼優勢?

梁：在中國經營的好處，在於製藥是朝陽行業，成熟的藥廠不多，新的藥廠有機會搶佔市場。美國則市場成熟，所以材料齊備，高價材料我們往往需要依賴美國，例如培養細胞的培養液，目前只有美國才能製造。我想未來中國也會自行發展，只是可能需要十年時間才能發展至同等程度。但中國能夠提供一個平台，快速試驗新藥。所以中美之間有互補作用。

張：你提及製藥有許多考慮因素，你又有否做過一些錯誤抉擇，為你造成困難？

梁：雖然沒有嚴重錯誤，但的確可以舉個例子。我們為一種藥物進行臨床實驗時，可能會在做到某個部分時稍稍停下來，等待更好的時機才繼續進行；但如果這時候法規一改，要求就會提高，我們便不得不從頭開始。

張：這也很講求執行力。

梁：是的。中國藥監局一直想與國際接軌。早期的規定較為寬鬆，我們就按照寬鬆的規定來進行；但到它突然招聘了一批從美國受訓回來的人員，便可能在短時間內收緊規定，未能立刻跟上的話，就會錯失機會。

·香港具發展潛力·

潘：你一直遊走於「創新」與「管理」之間。你本人大概像科學家一樣不斷創新，較少從事管理；但你既然能做到立足香港，擁有中國市場，同時放眼世界，背後應有團隊襄助。現時，你是如何管理團隊、帶領團隊創新？

梁：在生產方面我不怎麼插手，會要求同事在部門裏獨當一面。創新則最為困難，我依然會領導上游研究，但希望團隊能夠更為獨立。中國的教育方式令學生對自身的創新能力缺乏自信，但我相信他們其實有足夠能力，只是信心不足。我要做的就是協助他們找到自信，自行創造成果，並發揚光大。

潘：這就是 unleash their potential，助他們釋放潛能。

張：你能否說說作為 CEO，自身有甚麼優點與缺點、好習慣與壞習慣?

梁：我的好習慣是勤奮、專注，也覺得自己的胸襟頗為廣闊。只要我認為同事有能力，就會提拔他。

張：你的意思是就算有同事頂撞你，你也不會計較嗎?

梁：我說的「胸襟」是指如果我覺得同事比我優秀，就會把責任交託給他，而不會扼殺他表現自己的機會；同事比我優秀，我反而會很高興。我的缺點則是溝通技巧較弱，無法向投資者或門外漢簡潔地解釋複雜的概念。

張：你認為香港的政府、院校、商界可以怎樣配合，令生物科技更上一層樓，壯志高飛?

梁：我認為生物科技界在香港已開始成形。科學園一直致力推廣生物科技；我亦發現不少同道正大膽創業，《主板上市規則》第 18A 章出台後，也有很多博士生加入投資界，評估生物科技項目。就這樣，生態系統開始發展。如果大家都相信生物科技是未來的朝陽行業，就會有更多人加入。不少新一代都在唸生物科技，今年亦有很多人應徵我們公司的實習生空缺，不少還是名校生。**憑藉這些新生代生力軍，可以為香港注入新力量；亦有很多在美國學有所成、已屆退休年齡的人士，可能會回流香港，把經驗帶回來；再配合內地的發展和投資市場，實在大有可為。**

張：香港始終是非常重要的樞紐。可是香港的年輕人對自己有否足夠信心?

梁瑞安博士（右二）參與由香港科技園舉辦之 Global Matching 2020

梁：科學能夠誘發人的好奇心；相信接觸過生物科技的香港生力軍會在這方面繼續深耕。

·好書與人生格言·

張：最重要還是要堅持和有信心，亦要努力讀書。今天梁博士也帶來一本書與我們分享。

梁：這本書名為 *21 Lessons for the 21th Century*（《21 世紀的 21 堂課》），作者 Yuval Noah Harari 於耶路撒冷希伯來大學任教，寫過好幾本著作。第一本是 *Sapiens: A*

Brief History of Humankind（《人類大歷史：從野獸到扮演上帝》），回顧人類歷史；第二本是 *Homo Deus: A Brief History of Tomorrow*（《人類大命運：從智人到神人》），主要講述未來。而這本書則講述現今世代，認為精於電腦和生物科技的人將會主宰世界，其他人的職位則會被 AI（人工智能）取代，只有投閒置散；並認為群眾會變得無知，而即使學校傳授再多的資訊也沒有用處，因為相同的資訊用搜尋引擎就能輕易找到。就像現在的醫生常會感到困擾，因為病人回家搜尋病症的資料後，會質疑他們的診斷，令他們失去昔日的權威。現在最需要學習的是 critical thinking（批判思維）。雖然這本書很厚，但實在很值得一讀，至少在聊天時可以作為話題。至於書的內容是否正確，就需要讀者自行判斷。

張：除了能啟發智慧的書籍，Shawn 也為我們帶來一句金句，是你的人生座右銘。

梁：「Bite the bullet and forge ahead.（遇到困難也要迎難而上。）」人生雖然可能會遇到很多困境、不如意甚至不公平，但你要秉持信念，勇往直前，不畏艱辛，一步步前進。

張：你認為在人生裏遇到過的最大困難是甚麼？

梁：是融資。

張：那你的人生可說頗為順利，學業、工作甚至融資問題都已解決了。

梁：是的。現時的困難在於要把藥物製成，也要籌劃未來，不停推出新藥，並確保公司不用單靠一個人的能力，也能持續成長。

張：藥物和健康都非常重要。有時人真的充滿無力感，一場疫症就為人類帶來新的常態，生活上經歷前所未有的轉變。如潘教授所說，人生是所有選擇的總和；而也像梁博士所說，不管是游泳還是工作，放棄總能找到理由，但要堅持也總會找到方法。Shawn 有一句話讓我很感動：「唔死算成功。」只要堅持，相信自己，總有東山再起的一天。希望大家都能夠保持這種毅力。謝謝梁瑞安博士跟我們分享。現在請 EMBA 同學提問。

·國際紛爭對創科的影響·

劉煥明（EMBA 2013 校友）：貴公司在香港上市，在澳洲設立臨床實驗基地，在中國內地也有廣泛佈局：於深圳設立辦公室，亦於海南、江蘇等地設有生產基地和研發中心。你的業務部署分佈甚廣，背後有何策略？

梁：這有機緣巧合，也有策略性考慮。我們剛好有一位投資者在海口擁有工廠，能較快提供建廠的土地；在蘇州建廠則出於人才考慮。蘇州的科學園本身已有 CRO，亦有不少熟悉這方面的同行和專家，聘請人才相對海口容易。但壞處則是容易被挖角，因為已有多家香港上市的生物科技公司進駐蘇州，它們在上市後便獲得挖角的資金。而澳洲是因為我們本身已在那裏進行臨床實驗，自然需要臨床基地。在深圳設立辦公室則是為了按照政府法規進行臨床實驗，基於我們在香港註冊，在深圳設址較為方便，他們每周完成實驗就會來香港向我匯報。

張：地理距離實在需要考慮，你們也要講求效率和速度。

梁：速度、效率與成本皆是考慮因素。我們是與全球競

爭，速度不夠就會吃虧，要早着先機。

潘：Shawn 的國際戰略佈局並非單看市場，每一步都為增強核心能力作出部署，好為將來做好準備。

林中青（EMBA 2021 學生）：生物科技領域應該會牽涉國際上的學術交流。然而近來國際關係緊張，各國都對自身的敏感技術及器材較為着緊，梁博士認為那會否窒礙國際交流？香港又會受到怎樣的影響？

梁：或多或少會有影響。但藥廠都在不斷尋求新藥、新的產品，而這非常困難，因此如果找到符合其市場發展策略的藥物，公司不會在乎是否有貿易戰，照樣會合作。我們本來就是為醫治疾病而製藥，病人不會在乎疾病以外的任何國際紛爭，只要能夠治病和能夠負擔，便願意購買。但國際貿易戰對我們的確有點影響，我們亦會作好部署，例如中國無法製造某些儀器，必須依賴外國，那我們就只能選擇從敵對性較弱、友好度較高的國家如德國購買。如果這家德國企業甚至本身亦在杭州設廠，我們就順理成章向它下單。我們過往要從美國購入培養液，但日後發展新藥時，會嘗試向內地的大型公司採購，只要水平達到要求，就會選擇國內的培養液，以免藥物上市後突然無法從美國購入，供應鏈便告斷裂。

張：無論疫情還是國際關係，都會帶來一定影響。人真的很渺小和被動，但如梁博士所說，只要堅持，相信自己，總有一日可以壯志高飛。以下請 EMBA 同學點播一曲。

陳益慧（EMBA 2021 學生）：很感謝梁博士的分享，包括格言、好書、心路歷程及管理思維。我代表 EMBA 同學為梁博士送上一首歌：Dire Straits 的 "Sultans of Swing"。祝願梁博士能為人類世界創造更多卓越的成就。

07
與鄧耀昇對話

我認為公司的主席或行政總裁需要有遠見，這些人可以帶領公司前進，但也可能成為公司的瓶頸；唯有願意不斷學習和接受挑戰的領袖，才能帶領公司更上一層樓。

鄧耀昇（Stan），陞域（控股）有限公司（Stan Group）主席。

鄧耀昇為「舖王」鄧成波的兒子，曾於聖士提反書院唸書，中二往英國留學，讀過海軍學校。十八歲選擇回港創業。

早年，Stan開過製作公司、糖果舖，亦曾參與家電零售業務，在跌跌碰碰的實戰中鍛鍊出做生意的頭腦與執行力。2013年，Stan創立陞域集團，革新過往家族以房地產為主的生意模式，引領企業走向多元化發展。當年，Stan只有二十八歲。

集團發展至今短短七年，業務已涵蓋六大範疇，包括房地產投資及管理、酒店及餐飲服務、通訊服務、金融服務、安老服務，以及創業創新平台，旗下營運超過四十個品牌。

左起
張璧賢、陳志邦、鄧耀昇

統籌　陳志輝教授及中大EMBA課程
主持　陳志邦、張璧賢
嘉賓　鄧耀昇（陸域（控股）有限公司主席）
整理　謝冠東
錄影日期　二〇二〇年八月十九日

本章重點

從小學會自食其力
休學創業，從實踐中學習
帶領香港酒店脫穎而出
投資初創引進新思維
疫情能激發創意
為公司開創更多選擇
不應過度樂觀或悲觀
期待員工以心相待
向不同做法借鏡
企業文化的威力
強迫自己，才能發揮潛力
要不斷培育自己

陳：陳志邦
張：張璧賢
鄧：鄧耀昇

・從小學會自食其力・

張：說到管理心得，曾有一本名著叫 *Who Moved My Cheese ?*（《誰搬走了我的乳酪？》），書中提到人普遍不願意跳出 comfort zone（舒適圈）和接受改變；但轉變總會出現，教授你又如何看待轉變呢?

陳：我認為改變無可避免，迎接未來的最佳方法就是靠自己創造未來。

張：2020 年教會我們，改變會隨時隨地、始料不及地出現。今天的嘉賓也不願待在舒適圈，而是不斷為公司尋求改變。歡迎 Stan。作為「舖王」的兒子，似乎你並不甘於穩守舒適圈，而是不斷求變，早前亦有訪問形容你十分「貼地氣」，這種個性是否與你的童年經歷有關?

鄧：我的父母都出身基層，靠經營小生意為生。小時候看見同學有新的玩具和糖果，總會羨慕，而母親則對我說：想要甚麼就要自己爭取，不論是游說父母，還是自行儲蓄，只要手段正當就可以。若我想買遊戲機或課外書，父母會資助一半，但餘款須自行負擔。所以我從小就想方設法自食其力賺零用錢，例如每日幫助做家務可以賺到 2 元，一星期就有 10 元收入，同時亦要控制開支，平日出行盡量節省車費。父母教會我凡事都要努力爭取，要選擇合適的工具來達成目標，並且要惜物，因為它們都得來不易。

陳：你曾爭取過加薪嗎?

鄧：哥哥比我大三歲，當時他每天會有50元作為交通和午膳費，父母說當我到了他的年紀也會有相同待遇。除了等待「升職加薪」，我也會與較富裕的同學交易來賺錢，例如小學時表哥會把重複的收藏卡送給我，我便與同學作買賣。後來到了英國升讀中學，每次回到香港時，我會買兩箱杯麵，或者同學想要的電子產品，如最新型號的電話或電腦，然後帶回英國，提價賣給他們，賺取差價。之後看到同學對改裝和修理電話或電腦有需求，便在母親建議下觀察別人維修電器，再自學和購買工具，為同學維修來賺錢。

張：現時的父母多半都會為小孩子買零食或課外書，但你的父母卻另有安排，讓你學會自行爭取想要的東西。

陳：作為父親，你也會用同一套方法教導小孩嗎?

鄧：我的孩子尚小，但我也希望他們明白，所有事情都要自己爭取。當他們仍在牙牙學語，卻想要某樣東西的時候，我會要求他們跑圈作為交換。入讀幼稚園後，我們便立下約定，當他們做了對學業有益的事情或培養了良好習慣，我便會賞以蓋章，集滿一定數目就有獎勵。有時候即使只是去超市買牛奶，我也要他們象徵式地拍我手掌一下，以示付款。即使他們沒有現金，但也明白有付出才有收穫。

陳：我認為這做法很好，但也要謹慎地拿捏尺度，因為父母對子女的愛應該是無條件的，我們不可以為所有事情都設下條件。另一方面，有些事是小朋友本來就該做的，在這個時候我們也不應濫用獎勵。

鄧：小時候我問父親拿支票交學費時，他曾說這些錢只是借給我的。當時我大惑不解，認為供書教學是父母的責任，為何變成借貸？長大後，我明白到讀書是為了增值自己，然後回饋父母和社會，所以往後學習時都分外認真。

張：到英國留學在當時是一項重大投資，你認為父母為甚麼在初中時候就送你到外國讀書？

鄧：我相信當時大家對回歸都感到徬徨，所以會盡量安排子女領取外國國籍或到外地讀書。那時我和朋友合共四人一起報讀英國的同一所中學，一切由朋友的父母打點，結果到了英國後，才發現竟然只有兩個學位，所以我唯有入讀半小時車程以外的另一所學校。入學後，我看到竟然有三套校服：一套航海服，一套正式服裝，還有一套配有軍階的海軍軍服，才發現自己誤打誤撞入讀了一所海軍學校。

學校的階級觀念很重，而且紀律要求相當嚴格，每天早上六時半要到廣場操練，然後吃早餐才上學；晚上完成功課後，還要把自己的皮鞋擦得雪亮，能夠在反光下看見自己的眼睛黑白分明才算合格。若未能達到要求，便會被人刮去皮鞋上的鞋油，數個月的心血就會化為烏有；當然也有同學精於這門技藝，我們有時候也會私下作些小交易。（笑）另外，每逢周末會有皇室成員來閱兵，甚至英女王也曾經出席。

張：相信傳統海軍學校少有亞洲臉孔，你如何融入校園生活？

鄧：英語溝通對我來說不成問題，而且我對不同文化或民族深感興趣，所以每逢周末，只要情況許可，我都會跟隨一位同學回家，感受不同家庭背景的生活，擴闊視野。**我認為信任和尊重是要自己爭取的**，小鎮的種族歧視比都市嚴重，不過由於我和當地人一樣熱衷打欖球，所以很快便融入了當地的生活。**當你能夠融入當地文化，而且表現出色，別人就會對你另眼相看。**

陳：我也曾經入讀英國的寄宿學校，當時碰巧只有我是亞洲學生，不會形成小圈子之餘，其他同學也對我更為好奇，讓我能順利融入當地的圈子。所以我也會向其他家長提議，若想子女融入當地的生活，最好就是選讀亞洲學生較少的學校。

·休學創業，從實踐中學習·

張：你的校園生活如意，為何會在十八歲時回流香港?

鄧：在英國時，我的心情很受天氣影響，那邊總是下着綿綿細雨，天色陰沉，我經常待在室內。尤其我在澳洲讀幼稚園，回想那陽光與海灘，實在有天壤之別。雖然成績尚算不錯，但總覺得正在浪費光陰，辜負家人期望，畢竟人生並非只有學業。

加上當時對學業和前途有點迷惘，一方面擔心所讀科目若與事業相關，我會變得畫地為牢，不能作別的發展；另一方面又顧慮它若與工作無關，則會浪費學費和時間。

由於情緒受到困擾，家人便建議我回港，而我也向家人提出休學數年，因為我不想盲目讀書，希望能先弄清楚欲深造的範疇；那就像走進書店時，應該在碰到對自己有用的書時才會買。當然，那時人們還是認為讀書才有前途，家人其實也不太相信我這套說法——母親反對，但父親支持，尤其父親以自己為例，說他也只是小學畢業。我一再說明我並非不讀書，是幾年後才讀，而最後我的確成功找到自己的方向。

陳：社會上往往有一套人生的「標準程序」，Stan 則另闢蹊徑，選擇從實戰中吸取經驗和知識，這條路其實並不容易。

鄧：我也鼓勵年輕人這樣做，**因為世界瞬息萬變，研究亦顯示將來可能有超過九成的工作會被人工智能替代，你的學歷可能只能幫助你應付未來五到十年的發展，而往後則需靠自己在社會中不斷成長，建立價值觀、溝通技巧、創意思維等。**這些雖然也能在校園學習，但往往要在社會裏才更能鍛鍊。

世界瞬息萬變，鄧耀昇鼓勵年輕人擺脫固有思維，從實戰中吸取經驗，才能不斷成長。

張：不過，要說服家長允許子女暫停學業，吸收社會經驗也是一大難題。

陳：最近有研究指出，包括蘋果公司在內的二十五家美國著名企業，已不再把大學學位列為招聘標準。可見新趨勢正在來臨，也許學界也應該重新思考，到底大學學位的意義何在。

張：你投身社會後有甚麼經歷和體會？

鄧：我先後在兩家公司工作，但所待時間都不長，因為工作比較死板，而我則喜歡動腦筋，作新嘗試，或是可以轉換環境的工作。後來，我與另外六位朋友共同創業，開辦一家製作公司，提供平面設計、音樂影片和電視廣告拍攝，以及商場活動製作等服務。另外我亦開了一家糖果舖，從採購、定價、成本控制到推廣等一手包辦。這些小生意雖然利潤不高，但我卻能從中學會營運的邏輯。**教科書雖然也會說明營運流程，但當中許多細節只能自行體會，例如與供應商講價、貨物被盜，或員工的操守問題等，都需要從實戰中學習如何化解；往後再回顧書中的知識，體會就更深刻，甚至會發現書中的闕漏。**

陳：就像學習游泳和踏單車，不管看了多少書本或影片，你也必須親身下水，或踏上單車才能學會。

張：這七年的實戰經驗雖然跌跌碰碰，卻讓你了解到如何經營生意。基於甚麼緣由，你在 2013 年創立陞域（控股）有限公司（Stan Group）？

鄧：我創業約三四年後，家人希望我回去家族企業幫忙，我卻擔心會有很多掣肘，於是決定只把一半時間投放在

鄧耀昇創立 Stan Group，是為了擺脫家族業務的掣肘，以自己的理念營運公司，同時以新思維、新途徑帶領家族業務轉型。

家族生意。後來我發現公司其實可以引入不同系統、專才或制度架構，提高營運效率，可惜當時我經驗尚淺，人微言輕，無法推行大型改革。及後我修讀了 EMBA 課程，並且創業，如此一來所有責任和功勞都由自己一力承擔。這讓我發現營運生意是一個認識自己的過程，並可以讓自己不斷調整和進步。

我認為公司的主席或行政總裁需要有遠見，這些人可以帶領公司前進，但也可能成為公司的瓶頸；唯有願意不斷學習和接受挑戰的領袖，才能帶領公司更上一層樓。我開創 Stan Group 是為了擺脫家族業務的掣肘，同時以自己的理念營運公司，另覓途徑輔助家族業務。

張：現時，集團業務已擴展至六大範疇，那麼當初在芸芸業務裏，你選擇了哪一門作為試金石?

鄧：我和太太，即當時的女朋友，本來想創辦婚嫁廣場，可惜因各種原因未能實現，便決定另起爐灶，運用搜集到的資料和人才，創辦婚禮統籌公司。雖說都是婚嫁，但兩種業務截然不同。我們除了提供婚禮統籌服務，還設置一些婚宴廳，給新人簽紙和辦自助餐。另外亦安排婚紗、化妝和攝影等。這門生意不但使我們的關係更緊密，收入也不錯且穩定，因為香港每年約有五至六萬對新人結婚。我們發現他們辦婚禮平均花費 50 萬元，當中 30 萬元花在宴席，其餘 20 萬元則用於攝影、婚紗、化妝、金器等。因此我們思考如何能以上限十餘萬元提供完善的一條龍服務，包括婚紗、化妝、攝影、美食和簽紙。我們最貴的服務要十餘萬元，最便宜的只要兩三萬元。

張：如何以兩三萬元一手包辦?

鄧：其實在整個過程中，簽紙才是最重要的，但最耗費的卻是宴席。越來越多人認為無須大排筵席，只邀請最親的五十至一百五十人就好。再加上中式婚宴常會出現剩食，因此我們改用西式自助餐。在人數減少、食物分量和時間也有所限制下，成本便大幅節省了。以前新人辦婚宴往往憑着禮金能有盈餘，但近十年已經做不到了，我們希望以這種新式服務幫助新人省錢和存點錢。

·帶領香港酒店脫穎而出·

張：你起初打算改革家族生意，無奈未能得到支持。後來出於甚麼契機，令尊終於對你委以重任?

鄧：最初他不太管我做甚麼，只要不是遊手好閒或傷風敗俗便可，我便藉糖果店和婚紗店學做生意。後來，他希望我能認識他的業務。有一次，他要把一幢工業大廈改建成酒店，給我看了設計圖。我問：「你不會經營酒店，為甚麼要設計酒店？」他說：「酒店要的不就是房間，有廁所和床，有窗和電視，再弄個衣櫃就好。」我說：「你用住戶的角度描繪了房間的格局，是沒有錯的。可是別忘記，從客人踏進酒店正門，走入大堂，進入升降機，經過走廊，到走進房間，享用乾淨的被鋪和良好的服務，整個過程涉及很多營運的計劃和考量。」這番話讓他若有所思，因為他設計的房間比一般的大一倍，以香港的土地而言，實在大得不合理，而且收費不會高一倍，最多只能多收兩成。之後在我們的設計下，那家酒店的房間數目由原先的三百多間改成四百三十間，增加了25%。房間都有特定主題，例如日本風、泰國風、非洲風和希臘風，我們還設計了一隻企鵝角色，讓它成為其中一種房間主題。酒店亦增設了游泳池和數萬呎的購物中心，藉此增加收入和吸引力，提升酒店級別。即使在疫情下，那間酒店仍然長期客滿。客人會說：「我要住日本房！」或「我要住泰國房！」，它是屯門的悅品度假酒店。

張：客人是哪兒的人？

鄧：都是本地人。

陳：即最近流行的留港度假（staycation）。

鄧：對，因為現在不能去日本旅行，便來酒店入住日本房。酒店附設遊樂場、水療（spa）、健身室和游泳池，非常適合留港度假。

張：如非疫情，我們不會想到能在本地度假。為何你早已有這個想法?

鄧：我們進行了研究，發現人們外遊時都有不同的主題，例如去澳門是為了當地的賭場、娛樂和購物設施，去日本和台灣是為了溫泉，並會入住配合這些主題的酒店，例如溫泉會館和醫療酒店。那麼香港又有甚麼酒店呢?

陳：香港的酒店着重功能，而非主題。

鄧：對，為甚麼會這樣? 因為香港的酒店鄰近購物中心和餐廳，非常方便，所以酒店不必附有這些設施。就算設有小舖，例如賣酒店月餅和手信的店舖，利潤也不高，僅用作建立酒店品牌。可是我們集團的酒店並非座落遊客區，而是位處觀塘、葵涌、荃灣和屯門，有先天的不足。

陳：都是經過活化的工廈。

鄧：是的。**我們認為一般酒店已經商品化，難以脫穎而出，所以一定要增添特色。不管是服務、環境還是主題，都需要多點心思。**2019 年 11 月，即社會事件較嚴峻的時候，集團的酒店入住率仍有八成多，12 月更達九成多。即使今年（即 2020 年）受疫情影響，3 月的入住率仍有五成多。7 月後，員工不用再放額外假期，薪酬回復正常。集團共有三千多間酒店客房，平均入住率接近九成。

張：為何能創下如此佳績?

鄧：我們的酒店都不在遊客區，而是位處商住區。正常來說，地理位置是我們的弱點。可是當附近居民翻新家居時，會選擇入住我們的酒店；另外，現時租住酒店比租單位便宜，所以有市民會住酒店；再者，這些地區方便上班，吸引市民租住。有人問：「你們有沒有用作隔離的酒店？」我們旗下十五家酒店，只有一家是隔離酒店，其他都不接受懷疑個案入住。**雖然我們的酒店先天不足，但是憑着多元化的服務和成功的品牌定位，能同時服務旅客和本地人，維持了入住率。**我們平時也經常進行地區工作，與附近的持份者聯繫，因此當他們有需要時便會想起我們。

張：你把地理弱項轉化為優勢，着實高明。除了酒店，集團也發展了金融和護老業務，可否談談那契機？

鄧：其實集團所有業務都屬於服務業，沒有出產任何產品；而雖然我認為十年後，香港的電子商務會更為盛行，但我不打算發展電子商務。第一，我沒有這個背景；第二，零售業是戰場。大家都賣同一種商品的話，誰能付出較高的租金、佣金和宣傳費，便能勝出，但是這樣做的成本很高，所以利潤不多。反過來，服務業也可以包括產品，例如**在五星級酒店喝汽水跟在便利店喝，價錢能相差十倍。雖然是同一罐汽水，但是品牌不同，價錢便不同。**

因此，我開始思索品牌的重要性，並認為品牌是建基於顧客體驗和服務的。我決定做服務業，而非製造業和零售業，是因為服務業裏蘊含很多智慧和創新的元素。另一個原因是服務業很具彈性，**經營五十間房的賓館和五百間房的酒店，或經營五十座位的餐館和五百座位的餐廳，就算餐單和裝潢有所不同，但是基本運作是一樣的，在規模上很有彈性。不管你手上擁有的是很理想的物業，或是三尖八角的物業，都能套用已有的品牌和團隊。**

如此一來，我們在物業投資上便很有優勢。物業投資是指以較低價格購入物業，再為其增值。**一線地點並**

非理想投資，因為增值空間很少；相反，偏僻和醜陋的物業才是理想的，在這些地點經營看來難以想像，可是成功的話便很有價值。我相信只要有品牌、服務和彈性，客人便會找上門來。「只要努力做好一件事，它便能不斷繁衍，業務不斷倍增。」這就是我們的商業模式。

·投資初創引進新思維·

張：集團其中一項業務是投資初創，這類投資對集團有何益處?

鄧：從事這業務的原因有很多，最初是因為發現公司有人才錯配的情況。年輕人有幹勁和新思維，就算偶爾會碰壁，也能夠持續刺激公司，帶來演變。可是近年，大企業越來越難聘請年輕人。這是因為**很多年輕人畢業後，不甘屈身於單調的事業發展路徑，想發揮自己。他們不會加入大公司，而是幾個人一同創業，開發應用程式或發明新事物。如果我的公司和其他大型企業不能挽留年輕人，便要思考一套能與他們合作的方法，於是我們選擇了與初創合作和投資初創**。另外，在酒店、金融、餐飲和護老這類傳統行業中，推動革新並不容易，會出現許多反對聲音。

張：因為已有既定的模式。

鄧：初創具備傳統行業缺乏的創意、彈性和冒險精神，但欠缺我們擁有的資源，例如數據、客戶、融資能力、品牌和網絡。我們和初創能互補互助。人才錯配衍生出契機，促使企業和初創合作。合作後，我們發現酒店每天都錯失了數千名客戶 —— 這些客戶雖然入住了，但酒店的開支只佔其總開支一成，其餘九成都用於外出消費。如果我們能透過初創企業向客戶提供服務，便能增加客戶在酒店內的消費，並更能讓他們感受與別不同的住宿體驗和價值，從而留下深刻印象，下次來港時也會再度入住。因此，為了市場營銷、突破、創意和人才，我們決定投資初創。

另外，從投資的角度而言，雖然投資初創的成功率較低，可是我已有平台、資源和一些 low-hanging fruit（容易達成的短期目標），交託給初創的話，他們便可以節省挨家挨戶找生意、了解、累積和吸納客戶的時間。假如初創要把大量精神時間花在融資和其他事情上，那還剩下多少心力開發產品？我們可以透過協助初創企

陸域集團創辦 The STILE Initiative 初創加速計劃，吸引亞太區超過十一個地區的初創企業參與，與集團共同建構可持續發展的商業生態圈。

業，提升其成功率，同時為我們的客戶提供一些新服務，從而令我的品牌更受歡迎。就算沒有投資回報，初創企業和集團的價值也得以提升，而我也不必四處奔波和支付昂貴的研發費用，因為我們已能向初創借力。這是雙贏局面。

再說，我們只投資熟悉的行業。近期有些朋友和投資者也想加入我們的投資基金，因為我們投資的，都已有本集團的酒店作為客戶，不愁訂單。就憑這點，它們已與其他仍然紙上談兵的企業不同，所以是可取的投資。它們只是需要資金聘請人才或添置器材。

陳：在世界各地，包括香港，許多集團都向多領域發展，並採取類似的方法，扶持想與大企業做生意的初創企業。你們選擇的初創都能配合你們的業務，產生協同效應，相得益彰，而你也能賦予初創企業一個生態系統。這方法十分可取。

張：Stan 和這群年輕人應該很投契，因為你們都有冒險精神，離開了自己的舒適圈。所謂「創業容易，守業難」，你卻同時守業和創業，更是難上加難。過去兩年，營商環境艱難，為許多企業帶來衝擊，陸域集團如何迎難而上？待會再探討。現在先邀請視像平台的同學與 Stan 對話。

·疫情能激發創意·

羅敏儀（EMBA 2018 校友）：很感謝你分享在生活和企業上所作的改變。請問面對現時的新常態，你的領導方式有沒有改變？另外，對於香港的行政人員，你會有甚麼建議？

鄧：多謝你的提問。新常態對我們而言並非新鮮事，因為我們長期處於變化當中。自去年的社會事件和中美貿易戰，到現時的疫情，令人感到黑天鵝已不再是黑天鵝，每天都有天鵝出現了。以前生意不錯，有些措施並沒有迫切性，便沒有馬上實行。我記得去年 11 月還未有疫情時，我跟同事說：「SARS 時我不在港，但是這二十年來，酒店和餐飲的營運方式沒有任何進步，假如現在突然爆發 SARS 怎麼辦？你們覺得這樣營運妥當嗎？」豈料兩個月後疫情就爆發了。自此，同事便有很多構思。有見現時只有本地客，同事便以新構思吸引住客，例如在家工作（work from home）之餘，也可以在酒店工作（work from hotel），把酒店當作商務中心。

現時，餐飲業也多了透過手機程式做外賣服務。其實香港真的很落伍，在內地的餐廳，所有事都能用手機辦妥，上至下單，下至付費，連查看上菜進度也做得到，可是在香港卻仍要向侍應招手。我們在世界各地看到有用的系統，想在香港嘗試，同事說做不來，我便委託初創企業，成功後，同事才醒覺那是事在必行、大勢所趨。之後，他們還會重新審視一些以前看不上眼的計劃書。**其實許多在新常態中做的事，都是以前想過、看過和接觸過的，只是未有需要，便沒有落實。我們今天的好成績並非運氣使然，而是以前做好了準備，經常帶領同事多認識新事物。**

同時，我們也給團隊許多嘗試和失敗的空間，因為我認為沒有比在疫情裏坐以待斃更錯的事了。大家都不想裁員和結業，所以湧現了很多新思維，努力做得更好。我在去年中還要恐嚇同事：「現在業務已進入寒冬，假如年底突然出現 SARS，該怎麼辦？」相反，現在每次開會，則會跟他們說：「不用如此悲觀，因為不景氣的日子不會一直持續，但是在轉勢的時候能夠彈得多高和多快，就要看我們有多努力。」市場少了一半生意，不代表我們不能把剩下的生意都搶過來，維持正常的生意額。我常強調創新，員工做甚麼都可以，除了減價——因為減價太容易，大家都能做。現時已不能再諸多束縛，甚麼都要試。很多朋友會給我發訊息，說看到我的公司和酒店有哪些新猷，其實我都沒有掌握詳情，只知道同事都在努力作新嘗試。

張：最重要是居安思危，不然被大浪捲走後，仍不知道發生了甚麼事。

鄧：另外有一件事令我印象深刻。記得颱風「山竹」襲港時，許多同事冒着風雨上班，然後怨聲載道，不滿公司要求他們在颱風日辦公。其實我們也不想，可是有些緊急工作一定要回公司才能處理。有鑒於此，我們一直籌備視像會議和視像決策。到發生社會事件時，因為公司在太子，同事經常無法回來，又或要提早下班，所以我們又加快投資平板電腦和視像軟件。因此到了疫情來襲時，視像會議於我們已經駕輕就熟，不管是政府宣佈公務員在家工作，還是其他企業所制定的方案，我們都能與之看齊，最重要是同事不會感到我們的公司相形見絀。

陳：這個新常態使許多事情提早出現，例如教育界曾討論在線教學是未來的趨勢，而這個「未來」已經到來。再回想 SARS 時，其實大家已討論過進行在線教學，只是當時技術還不夠成熟。

張：對，我們今年也要學習運用視像平台開會或做節目。這雖然是「危」，但也是「機」，允許我們重新學習。再請同學提問。

徐靄妍（EMBA 2020 學生）：你們的業務範疇廣泛，既有安老，又有餐飲，以至投資。對管理者而言，管理單一行業會較容易，因為只要熟習同一套系統便可，可是你卻同時管理多門行業，你會採取怎樣的管理策略？如何令所有員工都感到獲得公平對待？

鄧：謝謝提問。**不論任何行業，我認為最大的創新總是來自跨行業的合作和互相參考**。我如何在地產業套用餐飲業的管理模式，或如何用駕駛飛機的方法來駕駛車輛？借鏡其他行業的做法，對原有行業已是一種 disruption（革新），那將有助公司發展。當我們發展許多業務時，會接觸很多不同資訊、守則和管理模式；集團裏各業務的代表會一起開會，討論新項目，並在全體員工會議裏分享各自的做法。結合各行各業的資訊，並互相協助，是本集團的創新之道。

再談我如何管理。我在招聘人才時，會得知該行業的既有做法，例如薪金的計算方法，有些算十二個月，有些算十五個月。經過一番參考和嘗試，我就會發現某些行業的做法更能激勵員工，某些模式則不適合某門行業，然後在管理方針和理念上作出修訂。話雖如此，目前集團旗下各個品牌的管理模式都是由各行各業的部門自行衡量的，例如有些業務主管認為對同事好一點，會對業務有幫助；有些業務主管則認為不必提供過佳的待遇，以免他們不思進取。

與此同時，我也會提供一套大原則讓下屬執行；因為在我眼中，不管集團集結了多少行業，仍是同一家公司。況且集團所有業務都是服務業，因此我的大原則就是**着重創新和增值，還要多方面為持份者 —— 包括目標客群和合作伙伴 —— 提供更多價值，滿足他們的各種需要，從而鼓勵他們繼續支持集團**。縱使集團包含許多行業，但我們由始至終只貫徹一個理念：希望將服務、價值、質素、創新和突破傳遞給顧客。當中既有成功案例，也有失敗的時候，但是希望為顧客、商業伙伴和員工提供最高價值的想法從未變改，只不過是用不同的形式來提供服務。

張：陸域集團是一個服務顧客的集團，是否因為你們要陪着顧客走，所以點播這首〈陪着你走〉？

鄧：第一，這首歌很動聽，家喻戶曉。第二，在變幻無窮的生活中，大家可互相支持和陪伴，一起度過。不論順逆，也共同面對。

張：多謝 Stan 的分享。現在為大家送上 Stan 很喜歡的歌曲〈陪着你走〉。

・為公司開創更多選擇・

張：今天我們經常提到「轉變」。基於機會成本（opportunity cost），很多人害怕轉變，留守舒適圈裏；而 Stan 不但沒有待在舒適圈，更會主動挑戰自己。但近兩年營商環境風高浪急，對你來説，2020 年陸域集團是否遇到成立以來最大的風浪？

鄧：這風浪不僅是我創業以來最大的，如許多前輩所言，亦是數十年來最嚴峻的。這個風浪集多個元素於一身，除了疫症、社會狀況等因素外，還有貿易戰等，以往發生於美蘇之間的事情又在中美之間重演。這些我們曾聽說和經歷過的事情一口氣正在香港、亞洲甚至全球發生，只是效應不算極端，沒有負資產、燒炭等事故。這是因為大家都已有心理準備，齊心面對；亦因為有政府和國家的支持，能懷抱希望。經歷過 SARS，再面對現今的疫情，便不會極度悲觀。這種希望有助我們堅持下去。

張：現在我們常會看見商店除售貨員外空無一人，餐廳平時高朋滿座，卻因限聚令而食客大減，都會有所感觸。陸域集團因酒店定位正確，在疫情下入住率依然高企，實在成績優異。你的業務非常廣泛，當中有否遇到新挑戰或新的學習機會？

鄧：今年我學到最重要的一課是為自己創造選擇。如果對方覺得你沒有選擇，可能會待你不公；與此同時，如果你沒有選擇，就無法比較各種選項的優劣。**在不斷創造選擇的過程中，你會發現選項B比選項A好，選項C又比選項B好，而或者A加C才是最佳方案。在你適應市場變化的過程中，或跟對方談判之時，你會明白只要有選擇，就有能力走出逆境。每家公司都可能面對同樣的困難，若你有更多選擇和機會，就更有可能獲得他人協助，談判時也不會被過分壓榨。**例如在餐飲業，如果有幾個供應商向你供貨，你可以比較哪個質素較好、價格較合宜，也可以在逆境中為食客提供更多選擇，吸引他們光顧。在融資方面，如果金融機構知道他們不是你的唯一選擇，條件也可能沒那麼嚴苛。

陳：要運用這種談判技巧，始終需要一定實力。到底要如何積存實力，或是在逆境中為自己創造條件？

鄧：我小時候跟母親去街市買菜時，會跟菜販議價。如果不獲受理，就轉頭離開，若他還是不願減價，就再走遠一點。你要堅持不回頭，待菜販主動喊住你。菜販知道你有其他選擇，大可去其他檔口買菜，便會願意讓步。但要行使這套方法，你必須有相當把握。要製造選擇，你也需要擁有實力，這不僅指資產和資源，亦指以往建立的人際關係或準備功夫。

例如剛才提到的酒店定位，如果今天我說自己經營酒店業，許多人會可憐我，甚至可能趁機低價收購我的酒店。這時，我就會告訴他：「我們有八成多入住率，你想得美。」只要銀行和商業伙伴都能看到我們有生意、有真材實料，就不可能乘人之危去佔便宜。反過來，如果我們經營得不錯，是否能把握機會收購更多酒店？這正是製造機會。**因此你需要知道自己的強弱項，懂得補救或收藏弱項，並通過強項創造更多選擇和機遇，拓展新的商機和市場，或把自己的強項複製到另一行業。當然，你要好好判斷和分析行業能否持續發展，抑或只是短暫熱潮。**但無論如何，我們不能面面相覷、互相指責，而是應該不斷有新想法，從其他行業和國家吸收新意，孕育新啟發和新選擇。

·不應過度樂觀或悲觀·

張：現今要避免自怨自艾，需要許多正能量。如 Stan 提及的中美貿易戰、社會運動和疫情，事件接二連三，實在令人難以喘息。近兩年的香港對年輕人來説或許難以承受，但你的父親經驗豐富，目睹過無數風浪，在這兩年間，你有否從他身上獲得啟發？

鄧：有的。我一直思考為何他能如此樂觀，對香港充滿信心。我對他說，雖然他對香港信心十足，但餐廳門可羅雀、種種營商和市場問題都是真實的。他告訴我，以往也有暴動、金融海嘯、負資產，香港人還不是熬過來了，靠着集體力量一起逃出困境；加上現時遇到的不少是國際事件，超出我們的控制範圍，再擔心也沒有用。人始終需要吃飯和住宿，有基本需求，我們既不是做奢侈品行業，也沒有把所有雞蛋放在同一個籃子，能夠分散風險，以及互補不足。以往香港大概半年到一年就能走出困境，現在雖然面對國際形勢和疫情，但我們不能坐困愁城。

陳：Stan 父親的看法讓我想起許多前輩所說：不管樂觀還是悲觀，總是要過日子的，那何不樂觀度過每一天？

張：這也是一個選擇。你的正能量正是來自父親的啟示，讓你明白自己能選擇循正面的方向走下去，對吧？

鄧：我並非想跟他唱反調，只是想我倆互相給對方多一個角度。他常常覺得我想法負面，而我心想既然他總是語帶正面，我就得跟他說一下負面因素。（笑）這樣能互相提點和互補。**全面的看法十分重要，如果大家都只管讚好，可能會忽略很多事情。**

·期待員工以心相待·

張：多角度觀察非常重要。創業是艱巨的事，在你創業的過程裏，有沒有刻骨銘心的失敗經歷？

鄧：我以往對待同事的方式跟現在不同。我以前認為，同事不能單獨承擔一門業務，每個同事都應該可被取代、替換，我甚至跟同事這樣直言過。曾經有同事問我：「你能否做個有心的老闆？」可能他發現無法打動我，結果辭職了。**後來我發現服務業和創新都需要用心，如果同事感到老闆用心對待他們，就會願意用心對待公司和顧客。**我們要面對不同的環境、挑戰和競爭對手，其實沒有任何既定流程或必勝秘笈，而是需要前線、後勤、各部門同事用心做好手上的大小事項。我想我最大的錯失是在創業早期非常不信任他人，生怕有同事擔起了重要的工作。那時候事情的進展都不太順利，因為我事事都要插手參與。

現在管理數千人的公司，**我明白如果用心對待同**

事，他們也會用心對待其他同事，用心去跟顧客、供應商和社會互動，我可以節省許多心思和時間，並獲得意想不到的回報。另外，就算我事必躬親，但我不可能精於所有工作，也無法分身參與數千個崗位，只能信任同事，用心對待他們，期望他們用心回報。

現在經營的一大考驗，是當同事聽到集團或市況的負面新聞，心情欠佳時，到底會放棄公司還是會繼續拼搏下去？公司設立了溝通機制，近來收到同事反映，表示可以適度減薪，把資金留給公司。視像會議裏聽到這些提議，我真的非常感恩；但站在管理角度，我必須說明這樣對公司其實毫無幫助。如果想帶動經濟，就需要消費；我們要拿薪金到其他地方消費，別人發薪後又要來我們這裏消費，只有金錢流動才能解決經濟問題。

張：你沒有扣減員工的薪金?

鄧：沒有，但有趁機讓他們「清假」(放取累積的假期)。我們公司逐漸實行彈性工時，除了在家工作，大家亦開始習慣彈性工作。我之前就想推行四天工作周，近來亦在旗下某些公司嘗試，反正就算我不推行，已經有員工天天都在家工作。四天工作可以讓同事享有個人空間，做自己想做的事、照顧家庭、節省交通時間，不僅不會降低生產力，甚至會更加用心。員工或許還能在享用其他餐館或服務時吸收新知，應用到工作上。

張：給他們流動的機會，多去見識。

鄧：是的。流動非常重要，人和錢不能只是待在原地。這不是要幫助公司，而是要協助社會。當然如果公司有緊急狀況，那要先行處理；但整體來說，必須要流動才能助社會盡快脫離現今的困境。

陳：有一位 EMBA 同學也是創業的，並宣佈所有員工只需四天工作。他說同事都回應道：「老闆，謝謝你，但你知道我們是不可能只上四天班的。」他的好同事都是勤奮的人，會自發工作，因此生產力沒有下降。

張：也沒有下調薪金嗎?

陳：沒有。那位同學在公司落實四天工作，在香港實屬創新之舉。

張：真是良心僱主。(笑)許多歐美國家的員工都不像香港人這麼辛勞，我們以往甚至需要六天工作。

> **鄧：**其實計較工作天數或時數已是非常古舊的概念，起源於當年的工業革命。以往工作着重勞力，但我們現在應以 output(輸出)、創意和價值來衡量員工。**如果你用時間來衡量他們，他們會以時間來回報你；你用價值衡量他們，他們則會以價值來回報你**。在香港這個資訊型、創新型的社會，如果你能創造大量價值，就算你一個月只上班一個小時，我也會十分欣賞，你甚至為我節省了辦公空間。這將會成為一種新常態。

陳：如果以時間作衡量單位，員工就只會 work hard(勤苦工作)；但如果以 output 作衡量單位，他們就會 work smart(精明工作)。這是不同的鼓勵方式。

・向不同做法借鏡・

張：我記得上次跟 Stan 見面，有一句話令我刻骨銘心。現在我們面對逆境，改變總是來得毫無章法，還要「日日新」。許多香港企業都在垂死掙扎，而你卻勸勉我們：「不死就是成功。」為何你有這番感悟？

鄧：我聽前輩所說，九七、沙士、打仗、糧荒等等他們都熬過來了，就靠一種「不死的精神」。他們並非坐以待斃，而是想了許多方法，才在死傷枕藉的情況裏活下來。除了好運，他們肯定還花了無數心思，去跳出並打破平時不會跳脫的框架。早前馬雲也說 2020 年是「生存之年」。我們不要幻想開發新業務、做大生意，而是熬過這一年。熬過這一關，好好鍛鍊自己的產品和團隊，能生存下去就好。

張：你在 2020 年有沒有新的業務和構思？

鄧：主要是轉型。剛才提及把服務對象從旅客變為本地客，另外就是應對二人或四人限聚令推出新菜單。現在鮮有十二個客人同桌用膳，頂多兩三個人，點兩道菜大概就飽了；我們就向廚師提議做拼盤等分量少但款式多的菜單，讓三個客人也能吃四款食物，而提供小分量的菜式，通常能夠把定價提高兩三成。其實我們在疫情之前就想推行，只是廚師會嫌麻煩，工序會更繁複。但現在要應對限聚令，廚師為了保住工作，都會願意嘗試。我相信這次疫情會使香港練就出許多新模式、新產品，改變既定的思維。人們之前總是託辭產品、管理層或制度問題，還會說香港的人口基數太小，用不着創新；但現在無法推託，只能作出改變。

張：但很多人都抗拒改變。Stan 曾目睹有些朋友不願改變自己的生活圈子，並提醒自己絕對不能仿效。

鄧：我和不少朋友都在不同國家上小學、中學和大學，也會參與許多不同活動和行業。我出乎意料地認識了一位從小到大都在同一個地方學習的朋友，他連每年的同學也是同一群，所以開學時便不再有好奇心，反正都是已經認識的同學，無須重新磨練溝通技巧。由於從小到大都在同一地方生活，有着同樣的習慣，他無法吸收不同國家的文化或不同行業的做法。我並非要評斷是非對錯，但現今每天都有新變化或意想不到的事情，又有科技與 AI 等推陳出新，到底我們應該迴避它們，還是應該去應用，甚至進而參與和開發，以至成為帶領者？但要成為帶領者越來越難，因為情勢總是變得很快。

張：身為帶領者，你認為自己是一位怎樣的領導？

鄧：我並非要誇獎自己，但不管在個人、營商還是其他層面，我都非常喜歡作新嘗試。這不代表三分鐘熱度或善變，而是我明白到每件事情都有共通點，有不同演繹方式，能互相參考借鑑、合併甚至創新，令我每一天都有新的刺激，並逐漸明白自身的強項是喜歡吸收新知。我近來亦在考慮想終生鑽研的事物。我渴望熟悉世界各地的文化，像是食材、語言、釀酒甚至武術。全球二百多個國家各有自己的文化，雖然有共通之處，但演繹方式截然不同。我發現不管在熱的、冷的、資源充足還是資源貧乏的地方，人的生活方式縱有不同，但其實重點都是為了生存、傳承，以及發展人類的世界。其實做人也應該這樣，不應停下腳步，而是去吸收和進步，並把這些知識應用起來，逐步成為一位專家。

·企業文化的威力·

張：Stan 非常喜歡作新嘗試，你的團隊成員要跟隨這位主意層出不窮的老闆，必須持有共同的價值觀。在建立團隊方面，你有甚麼心得？

鄧：我們花了許多資源建立團隊，甚至設有企業文化和人才部門。通常公司都會有人才部門，卻未必會有文化部門，但一家公司最難以替代的就是文化。**產品可能很快被抄襲，人才可能被高薪挖角，制度也可能隨着員工被挖角而被其他公司套用。你的各種競爭優勢可能不消一兩年就被對手全數複製，但企業文化卻最難複製，可說是最強的免疫系統**。在民族的層面，文化可能是美酒佳餚；公司的話，文化就是看一家公司重傳統還是創新，會迴避問題還是喜歡接受挑戰。公司內部要互相尊重、包容，並跟社會緊密接觸，把創新和堅毅的理念從內部擴散到外部，在社會裏發揮。舉個例子，你在咖啡店 A 和咖啡店 B 喝的咖啡可能分別不大，但你能清楚感受到員工散發的精神並不一樣，這會吸引不一樣的客人，造成不一樣的環境，導致你覺得眼前的咖啡是一杯非凡的咖啡。

陳：企業的文化和核心價值常常會被討論。就像國際知名演説家 Simon Sinek（西蒙・斯涅克）所説：「People don't buy what you do; they buy why you do it.（人們認同的不是你所做的事，而是你做事背後的理念。）」這正是同樣道理：重點是你為甚麼能做出一杯好咖啡，而不是你做出一杯怎樣的咖啡。那個理念，那個「why」非常重要。

鄧：假如員工或顧客經常回來光顧咖啡店，甚至放假時也帶着朋友來，這正是源於咖啡店跟他的價值觀一致，才會產生這種吸引力。如果股東、商業伙伴、顧客、員工甚至社會的價值觀都一致時，相處起來就非常舒服。有些人你可能覺得一見如故，有些人卻令你感到話不投機半句多，這通常都是因為價值觀和經驗有所差異。如果你營造的公司深得員工歡心，他們就會願意留效，甚至會為公司介紹最好的資源，並呼朋喚友來投效；相反，如果員工加入公司後感覺渾身不對勁，認為企業的文化奇怪，就會很快離職。

這並非要犧牲 diversity（多樣性），但如果員工能成為公司的忠實支持者，或者「死士」，願意跟公司一起拼搏，自然就會建立和累積信任，一起去創新、挑戰和冒險。這並不是用白紙黑字或明文規定所能達到的效果。其實太陽底下無新事，雖然科技總是日新月異，但經營企業的原則仍然大同小異。成功與否，只看執行者是否用心，是否願意發揮自己的能力，所以千萬不要高薪禮聘一個無心戀戰的人。

張：你如何營造企業文化？

鄧：這是雙向的過程，需要經常與同事溝通和討論，一同建立 vision and mission（願景和使命），一起樹立好榜樣，並堅持恪守這一套文化。久而久之，互相感染，從文字工作、產品創作以至重大決策，大家都會以這些價值觀和文化為依歸，避免出現雙重標準和分歧。

・強迫自己，才能發揮潛力・

張：你對現下的年輕人和領袖有甚麼勸勉？

鄧：希望大家勤加學習，除了在學校學習外，還要保持虛心受教的態度，不要因為自己過往的成就而自滿——那已成過去，要放眼將來，好好思考如何在未來再次取得成功。另外，要擴闊世界觀；全球化和互聯網令地域分界變得模糊，因此要時刻裝備自己，確保身處世界各

鄧耀昇在英國留學期間愛上欖球運動，回港後身兼斐濟駐港名譽領事首席顧問，邀請斐濟欖球隊來港與本地球隊及青少年交流，推廣欖球運動，同時與社區互動。

地都具備競爭力。要拓展社交圈子，並在觀察世界大事和社會事務時，懂得從不同角度思考，不是只側重某個角度，那會令你做錯決定。

此外，謹記不能自滿。以半杯水的故事為例，除了不要滿足於自己現有的半杯水，也可以嘗試透過進修學習，替自己換上更大的杯子，最後你可能想將水換成果汁、紅酒或其他飲品。當你有更大的器皿，才會有更多的選擇。

要學會如何應對和創造，才能有抗逆力面對將來的挑戰，並更快和更有能力把握潛在的機會。我們應該要有自己的觀點，但那觀點未必是最正確的，所以要懂得放下身段，那才能看得更多、更遠。

張：沒錯，我們不能改變環境，但可改變自身；不能改變過去，但可把握現在。逆境來臨時，最重要的是持續學習，不要停步，正如 Stan 所言：「只要死不去也算是成功。」現在請你介紹你的人生金句。

鄧：我對自身有要求，並會以座右銘提醒自己——**「人必須強迫自己，才能將自身潛在的才華和智慧發揮得淋漓盡致」**。要達到真正的成長，就要經常處於 comfort zone 的邊緣，並尋求突破的機會。人們常常追求財務自由或家庭美滿，卻忘記了人類是群體動物，只有個人和家人的幸福並不足夠，我們還要為身邊的人、陌生人、不同地方的人或有需要的人提供協助。如果沒有時刻裝備自己，就沒有能力與人互動、合作，為這個世界作出貢獻。

我曾經將自己討厭的事情列出來，然後逐一達成。譬如我討厭社交，便強迫自己多與人溝通。完成之後，我會問自己是否真的如此抗拒，還是只因之前未有好好裝備自己。很多時候，我們會低估了自己的潛能，儘管各人的出身不一，但都可以在不同領域發揮所長。透過強迫自己，除了可以將才華和能力發揮得淋漓盡致，也能從中領悟到更多智慧，應用到不同地方，為整體社會追求更多的幸福。

張：閱讀就是裝備自己的其中一法，今天 Stan 為我們帶來一本管理學名著。

鄧：這本書是 Ori Brafman 和 Rod A. Beckstrom 所著的 *The Starfish and The Spider*（《海星與蜘蛛》），海星和蜘蛛的形狀相似，分別有五隻和八隻長長的腳。蜘蛛一旦失去手腳就會死亡，手腳斷掉後也無法重新生長；相反，即使海星失去五隻爪，也能再次長出來，而且這五隻斷開的爪又會分別再生長出五隻新的海星，最後得到六隻海星。如果再次斷開這些海星的爪，這個過程就會持續下去，與失去腳就會死亡的蜘蛛相比，情況南轅北轍。

互聯網的發展與海星相似，現時的社交媒體不會發展內容，只創造平台，讓用戶自行上傳相片和資訊。這個平台帶來漣漪效應，每天有機（organically，相對於付費）創造更多新的用家、體驗和資訊，建立了全新的商業模式。

同時，有不少團體也發展出多個分支，而各分支的發展都一日千里，幾乎勢不可擋，最後結構龐大得令人難以追本溯源。以 Airbnb 和 Uber 為例，這些商業模式顛覆了傳統行業。在這個情況下，傳統行業就像蜘蛛。當然，以生物學而言，蜘蛛不可能變成海星，但是以企業和社會組織而言，我們可以重新檢視架構，轉變成 flat management（扁平化管理），與員工共同下決定。萬一老闆或管理者剛好不在，依然可以共同決策，讓公司持續發展。

甚或是公司面對多方面的攻擊時，傳統的公司就好像蜘蛛一樣，只靠老闆一人下決定，結果應接不暇。如果摒棄這種方式，**從共同決定轉變成分散決定，便能提升速度，及時解決問題，也能改善決策質素**。現代社會正朝着這個方向發展，舊有的模式並非完全不可行，但是我們仍要建立新的思維和文化。相信沒有人喜歡時時刻刻被老闆監視，而這個方法能讓老闆放心去處理其他事務，員工也會自動自覺辦事。我相信這個模式會慢慢發展成一套商業哲學。

陳：這與老子的「無為而治」不謀而合。他認為最高水平的領導方式，是領袖應該不為人知。他暗地裏發揮作用，人們縱然感覺不到他的存在，但他已把一切調度得宜，故即使領袖不在，組織仍能運作如常。

鄧：不論是公司或民族的文化，還是一種管理精神，都可逐漸變成流淌於血脈裏的習慣。新科技和管理思維，教我們不用凡事等待老闆首肯，也能積極面對眼前或潛在的問題，每個人都可以盡展所長。而**現今社會的變化之所以如此迅速，就是因為做到 empower（授權）。現在的領袖不會忌才，因為他們明白每個人各有專長，願意聘請比自己更出色的人。而當公司能夠用人唯才，集合各路專才，便能蓬勃發展。**

張：領袖要下放權力，員工才能獨當一面。除了海星和蜘蛛，我們也可從其他生物得到啟發，例如蝴蝶，它的繭就像 comfort zone，要憑着努力才能破繭而出，蛻變成美麗的蝴蝶。希望香港人和 Stan 在風雨過後也能一如我們的主題「壯志高飛」。非常感謝 Stan 的分享，現在請 EMBA 同學發問。

·要不斷培育自己·

吳嘉麗（EMBA 2020 學生）：Stan 要同時守業和創業，你如何「分身」和分配時間？面對現時的逆境，你可以給我們一點提示，讓我們為可能面對的問題做好準備嗎？

鄧：十多年前，我會花一半時間在家族生意上，另一半用於發展個人業務，過去幾年則慢慢將兩者融合。現在我的心態是要永遠創業，就像李錦記的核心價值之一「永遠創業精神」，不論是全新的生意還是百年老店，都要時刻創新，迎合市場發展。在時間分配方面，創業和守業各佔一半；如今面對千變萬化的市場，我不能固步自封，要不斷創新，力求走在市場潮流之先，並隨時應變。

金永峯（EMBA 2020 學生）：請問 Stan 你認為自己的成功之道是甚麼？你經營企業時，投放最多資源在哪個部分？

鄧：在時間分配方面，我會花一半時間營運業務，另一半時間培育自己。企業遇上瓶頸是因為管理出現問題，假如沒有自我增值，就無法面對挑戰，又或會缺乏前瞻性，不能進入新的藍海。因此，我會花一半時間做運動、學習和冥想，加強耐性，了解自己的不足，改變心態，為公司注入新思維；以及成為同事的好榜樣，鼓勵同事學習，建立勇於創新的團隊。用一半時間聽來奢侈，但其實 me time（獨處時間）至關重要。我們可以

鄧耀昇重視健康，透過行山鍛鍊堅毅意志，更鼓勵同事一同參與。

早點起床，把握起床後的一小時，這段時間沒有人騷擾你，可以自由做你想做的事，例如運動和閱讀。

張：感謝 Stan。最後請 EMBA 的代表為嘉賓送上一曲。

羅敏儀（EMBA 2018 校友）：很榮幸今天能聽到 Stan 的分享，你畢生追求卓越和創新，鼓勵我們迎接生命裏的 diversity（多樣性）和 adversity（逆境），不斷尋求新的路線，挑戰自己，不要停留在舒適圈。我代表 EMBA 同學感謝 Stan，並為你送上 "I Believe I Can Fly"，當中有兩句歌詞：「There are miracles in life I must achieve. But first I know it starts inside of me.（我有人生中必須實現的奇跡，但首先我知道它始於我的內在。）」人要不斷自省和改變，為社會帶來美好的明天。祝福 Stan 和你的團隊，繼續創造新的價值。

張：誠然，diversity 和 adversity 都很值得我們重視，而 "I Believe I Can Fly" 這首歌正好配合我們「壯志高飛」的主題和 Stan 的歷程。

08 與毛俊輝對話

不同的劇目帶來不同的思考空間；不同的角色、故事帶給我不同的知識，我才發現自己需要透過戲劇來學習。我不是用戲劇來逃避現實，而是透過戲劇回答自己對人生的提問。

毛俊輝，香港話劇團「桂冠導演」。

人稱「毛 sir」的毛俊輝，自小不單喜歡看戲，更熱愛表演。當年於浸會學院修讀外文系時，遇上啟蒙老師鍾景輝，自此與戲劇結下不解之緣。

1968 年，毛 sir 赴美國愛荷華大學修讀戲劇藝術碩士課程，並長期投身美國職業劇團演與導工作。二十七歲出任加州拿柏華利劇團（Napa Valley Theatre Company）藝術總監，二十九歲在紐約百老匯演出原創音樂劇《太平洋序曲》（*Pacific Overtures*）。

毛 sir 於 1985 年香港演藝學院成立之初獲邀返港執教，出任戲劇學院表演系主任。2001 至 2008 年間出任香港話劇團公司化後首位藝術總監，為劇團開拓多元發展。

2014 至 2016 年，毛 sir 應香港演藝學院之邀請，擔任戲曲學院創院院長，為香港粵劇創立首個藝術學士學位課程。

左起
張璧賢、陳志輝、毛俊輝

統籌 陳志輝教授及中大 EMBA 課程
主持 陳志輝、張璧賢
嘉賓 毛俊輝（香港話劇團桂冠導演）
整理 謝冠東
錄影日期 二〇二〇年七月八日

本章重點

- 自小看戲和學戲
- 受鍾景輝老師啟蒙
- 在美國嶄露頭角
- 戲劇能回答人生提問
- 舞台上的角色與真我
- 回歸東方戲劇世界
- 接手話劇團，實行公司化
- 戲曲學院的抱負
- 藝術的小我和大我
- 戲劇離不開觀眾

陳：陳志輝
張：張璧賢
毛：毛俊輝

・自小看戲和學戲・

張：時光飛逝，轉瞬已是《與 CEO 對話：2020 壯志高飛》的最後一集。領導層固然要翱翔天際，俯瞰大局，但是否亦需要「貼地」了解前線情況？

陳：這是一道艱深的管理題。成功的管理者往往需要具體的前線經驗，再自我發掘或被伯樂發掘管理才華，又或得到上天的巧妙安排，逐步踏上管理之路，卻不忘自己的出身。世上只有極少數能飛天遁地的人才，他們在天際運籌帷幄，在地面又交遊廣闊。

張：我們慶幸認識到這種人才，他遊走於幕前和幕後，演而優則導，最後更負責管理。有請壓軸嘉賓毛俊輝（毛 sir）。毛 sir 應該是《與 CEO 對話》啟播十七年來，首位來自演藝界的嘉賓吧？

陳：我認為很多 CEO 都屬於演藝界，因為優秀的 CEO 要融入角色。但要真正擔任演藝界的 CEO，確實又相當困難。

張：毛 sir 演技出色，人所皆知。你的藝術氣質是自小受父母薰陶的嗎？

毛：爸爸是西洋畫家，父母都熱愛看戲，我從小就跟他們看各種戲曲、電影、舞台劇，這對我影響深遠。

陳：毛 sir 連白駒榮的演出都欣賞過，令我羨慕不已。白駒榮是白雪仙的父親，老年的他雙目失明，卻能演完整齣戲。他與角色融為一體，連觀眾都感覺不到他是失明的。

毛：媽媽是上海長大的廣東人。當年有不少廣東人定居上海，所以當地亦時常上演廣東戲。看白駒榮與譚玉真合演的《寶蓮燈之二堂放子》時，我十分年幼，卻感到白駒榮有別於其他演員；因為他一登場，總會用手輕輕觸碰幕邊，後來才知道他已雙眼失明。

張：他仍能正確地「走台位」。

毛：因為他已清楚記得每一步。

陳：他輕觸幕邊是要找出起步點作為參考，以了解整個舞台。演員失明後，通常沒有演出機會，自己亦不想再演。但白駒榮的境界是：粵劇不能沒有他，他亦對演出欲罷不能。

張：就像沒有人可以做到毛 sir 在《父親》中的角色一樣。毛 sir 十歲來港後，仍繼續與父母看戲嗎?

毛：對，會看西片及各類國、粵語電影，更會與外婆看粵劇和舞台演出。在 60 年代，還看到京劇、越劇眾多名家來港的演出。

張：除了看戲，小時候的毛 sir 試過踏足舞台演戲嗎?

毛：小學一年級時，我已在上海的學校演講。九至十歲時，學校送我到「少年宮」表演，負責接待外賓，還記得初吻送給了匈牙利的女外交官。當時我已愛上表演，可惜到香港唸中學就再沒有機會表演，只能看戲。

陳：毛 sir 的家人經常看戲，算是家境富裕嗎?

毛：不是。只是父母、外婆及身邊的長輩都喜歡看戲。

陳：可見小時候的毛 sir 人見人愛，又乖巧，願意跟長輩去看戲。

毛：只要有戲看，就甚麼地方都去。

·受鍾景輝老師啟蒙·

張：演戲機會終於在大學時期來臨。毛 sir 當年為何選讀浸會大學外文系?

毛：我喜歡文學，所以主修英國文學，副修中文。

張：語文根基是演戲的重要一環嗎?

毛：是的，不過當時沒有想過演戲，因為完全不知怎樣入行。幸好遇上啟蒙老師鍾景輝先生（King sir）。

陳：King sir 當然也是我的偶像。你認為他最值得後輩學習的是甚麼?

毛：當年 King sir 剛從美國畢業回港教書，十分年輕，而香港未有專業的戲劇工作，只有電影和電視。有見及此，他在浸會大學教外國文學，再抽空開辦戲劇課程，吸引了我和其他戲劇愛好者報讀。

張：那是課外活動嗎?

毛：真的是一門課程。我每周最期待的就是星期六下午的戲劇課。King sir 對我最大的影響，是讓我知道可以通過讀書去學習戲劇。他也是很好的榜樣，令我的父母明白戲劇也能學有所成，最後支持我到外國學習戲劇。

張：但據聞毛 sir 最初獲得的獎學金，竟是來自歷史系。

毛：當時學校挑選五位畢業生到美國讀研究院，獎學金來自歷史系，但我拒絕了，因為我想讀的是戲劇，亦非常感激父母接受我的選擇。

陳：當年的父母輩知道子女拒絕免費留學的機會，卻選讀難以謀生的戲劇科，必定大發雷霆。你的父母有何想法?

毛：他們本身都熱愛戲劇，加上了解我對戲劇的熱誠和認真，所以支持我的決定。但我仍覺得他們的支持非常難得，十分感激。我們家境不算富裕，只能湊夠一年的讀書開支，往後就要自食其力。

陳：你的信心從何而來?

毛：有時候就是要義無反顧，盡力而為。

陳：跟隨內心的聲音，要相信天無絕人之路。

毛：至少要先起步。

張：父母支持年輕的子女追夢，確實是一支強心針。

毛：我一到外國就發奮讀書，希望爭取獎學金。結果學費得到國際獎學金支持，生活費則得到愛荷華大學的助學金援助，整個留學生涯的支出都獲得資助。

・在美國嶄露頭角・

張：可見毛 sir 相當優秀。美國碩士競爭激烈，而且全班只有你一個華人，竟然獲獎學金資助。你是不是百分之二百投入學業？其他同學呢？

毛：我不太清楚其他同學的情況，不過想分享一件趣事。教授們接收新生前，會先開會討論，當時我選擇主修表演，副修導演。某些教授認為我來自香港，英語不夠流利，無法掌握當地人的演出技巧，反對我主修表演。

陳：認為你的可塑性不高。

毛：某位教授更表示，只要我選修其他科目如設計，就願意讓我入讀。但我的顧問教授支持我嘗試。初時因為語言能力的落差，完全沒有演出機會，但到畢業前我居然擔演《哈姆雷特》（*Hamlet*）的主角，畢業時又有機會擔演另一齣戲的主角。結果演出後，當初反對我主修表演的教授（亦是我們的形體導師）來到後台，向我道歉。

陳：你何時才知道當年教授們開會的情況？

毛：教授向我道歉後，我詢問顧問教授才得知此事。

陳：他主動向不知情的你道歉，非常難得。要有此等胸襟才可成為傑出的老師。

張：毛 sir 要付出多少努力，才可於全是白人臉孔的地方，擔演應該是白人臉孔的王子一角?

毛：當年開始流行以新的實驗手法演繹，我猜導演教授希望我以外來人的身份演出 Hamlet。我們雖然用莎士比亞（William Shakespeare）劇本，卻穿現代服飾。每晚排練完畢，我會多待一小時練習英文，這些付出都是值得的。

陳：做喜歡的事就有樂趣。

張：毛 sir 認為成功的演員需要具備甚麼條件?

毛：首先要有天賦，然後要努力，不斷學習、練習和追求，不然就難有進步。只要有興趣，就會願意付出時間和精神來學習。

陳：我認為演員都要勤奮。但如何令演出形神俱備?

毛：這牽涉整個表演體系的學習。環境亦很重要，我得以在美國學習和實踐多年，就是因為有很多人給我機會。

陳：「When there is a will, there is a way.（有志者事竟成。）」因為毛 sir 志向遠大，而且百折不撓，才會得到機會。父母、指導教授和你自己，都給予你不少機會；而外在環境如觀眾的支持，又進一步將你提升。但最重要的是有這顆熱心。

張：有些人越學習，演出就越難揮灑自如。應該如何學習才對？

毛：戲劇是一門專業學問，要由內到外、由外到內塑造人物，演出才能栩栩如生，這就是我們學習的一套體系。

張：你在美國校園首次踏足舞台的機會何時出現？如何打破老師的成見？

毛：有外地口音的人，初時不能參與演出，只能做課堂習作。我的首次演出是擔任某古典喜劇的閒角，不需說話，只需要笑，但最後連笑的戲份都被刪掉，就是因為笑得不像樣。

陳：這對你是打擊還是鼓舞？

毛：很大打擊，但我不放棄，繼續努力做課堂習作，最後獲挑選擔任 Hamlet 一角時，大家都很震驚。

陳：演戲的佼佼者告訴大家，他演出的第一齣戲被人刪去戲份。箇中啟發就是，**要承認問題才可以解決問題。**

毛：當年藝術碩士已是最高學歷，等同其他課程的哲學博士，故要求非常嚴謹，至少要駐校讀書三年。我用三年完成學業，畢業時擔演蕭伯納的作品《武器與人》（*Arms and the Man*）的主角，然後教授就來向我道歉。

陳：如果你早知道教授們的會議內容，歷史會改寫嗎？

毛：不會。不過我仍很開心，老師當年提議我修讀表演以外的科目，其實也是為我設想。

陳：此事亦可告誡教師，不要過早對學生下定論。正如狄更斯（Charles Dickens）所言「No one is useless」，天生我材必有用。只要能幫助他人減輕某些負擔，就是有用的人。所以切勿輕視戲中的任何角色，不論朝臣、宮女還是菜販，即使沒有對白，表情都要投入，才可幫忙分擔演戲的責任。我看戲時會先留意配角，然後就知道整個班底是否值得尊敬。還記得看《李後主 —— 去國歸降》時，宮女甫出場已眼泛淚光，看她們的投入演出，就知道主角會有多厲害。

毛：你令我想起我從業以後的第一齣戲。1970 年代初，我在美國畢業，當時可以當大學講師，賺取穩定收入，但由於自覺對劇場認識太少，又幸得教授介紹，我去了柏克萊劇團（Berkeley Repertory Theatre）當見習生。有人可能覺得藝術碩士去做見習生是大材小用，我不同意。劇團的規模不大，我可以接觸到各種工作 —— 排戲打雜、票務、辦公室幫手等，親身觀察專業劇團的運作，其實機會難逢。

陳：現在有一個名詞叫「博士後（postdoc）」，説的就是讀完博士之後做相關的專職工作，學習理論以外的實際知識。

毛：我在劇團裏本來沒有演戲機會，只在台前幕後幫忙。只是後來排演莎劇《凱撒大帝》（*Julius Caesar*）時，一位演員在開演前兩星期病倒，劇團短時間內沒有人手頂上，女主角一知道我在學校受過專業訓練，就提議起用我。最後那齣實驗風格很重的莎劇受到惡評，被認為太前衛，然而劇評人卻稱讚我的小兵角色縱使對白不多，但演繹得很真實，帶給觀眾溫暖的感覺。我有點意外，但亦從中得到滿足感。劇團老闆有見劇評特別讚賞我的表演，就邀請我留下來演戲，就此展開了我的美國劇場生涯。

陳：所以説，身體健康很重要，演員經驗再豐富，也會被病痛影響。而要出人頭地，就算有天賦也要用心鑽研，時機一到就能大放異彩。

毛：我很用功學習這門藝術，但更重要的是我肯放手一搏，放棄當老師，追求夢想，上天才給我這個機會。

陳：沒錯，走不一樣的路，不一定沒有前景。我當年從柏克萊畢業回港後，去當普通的推銷員，很多人大惑不解。

張：是為了走在最前線，獲得實戰經驗？

陳：是的。我喜歡當老師傳授知識，但沒有實戰經驗就只屬紙上談兵。我必須有親身經驗，才會了解如何實踐推銷的理論。我當年在紅磡區工作，每天穿着西裝，曾經在一天內衣服濕了七次，我永遠忘不了那一天。我看到人情冷暖、世態炎涼，但也增進了人生閱歷，讓我有更多經歷可以跟學生分享。

・戲劇能回答人生提問・

張：缺乏實戰經驗，不論教書還是管理都總是有所欠缺。毛 sir 二十七歲已成為美國拿柏華利劇團的藝術總監，完全將興趣和事業融為一體。你曾經被否定，但仍堅持到底，是甚麼信念支持着你？

毛：我的想法改變過。我喜歡戲劇，但最初沒打算一定要發展這門事業，只是如果有機會，一試無妨；後來才發現戲劇於我來說別具意義。從青少年時期起，我就不時覺得迷茫，不明白世界為何如此殘酷？人與人為何互相傷害？我會懷疑這個世界。**及後我發現戲劇可以幫我找到答案，認識這個世界、人性甚至整個宇宙。不同的劇目帶來不同的思考空間；不同的角色、故事帶給我不同的知識**，我才發現自己需要透過戲劇來學習。我不是用戲劇來逃避現實，而是透過戲劇回答自己對人生的提問。就這樣，戲劇變成了我生命中不可或缺的一環。

陳：尋找自我有不同的方法，只是大家都用各自擅長的方式，透過甚麼途徑並不重要。

毛：沒錯，而且我後來發現戲劇裏不同的崗位、角色、題材都有趣味，各自可以是一門學問，就覺得更有意思了。

陳：人生如戲，戲如人生。能夠找到讓自己樂此不疲的興趣，不斷學習，就是人生的樂趣。馬克・吐溫（Mark Twain）曾說美好的人生要有娛樂才能多姿多彩，雖然他指的是書，但你的戲劇其實也同樣適用。他亦說美好的人生需要朋友和同行者，分享完成一件事的圓滿感覺，我相信戲劇也帶給你同樣的滿足感。

張：你立足美國劇圈十多年，甚至參與百老匯表演，能在當地落地生根；但你放棄了美國的舞台，回港重建你的藝術世界。稍後再談這個轉折，現在先請 EMBA 同學發問。

・舞台上的角色與真我・

余仲虹（EMBA 2014 校友）：舞台的角色和演員的真我，兩者的界線有時候難免有點模糊。你怎樣在管理上運用兩者，充分發揮影響力？

毛：我想起二十七歲時，有幸接任拿柏華利劇團藝術總監一職，我真的受寵若驚。回想起來，我覺得有兩個原因，第一，雖然我既當演員又做導演，但我做每一件事都很專注和認真。第二，我懂得怎樣與人合作，凝聚一班來自五湖四海的人，團結團員。我曾有一個難題：有一位演技精湛的演員自覺為劇團付出良多，所以在某齣戲裏堅持擔任男主角，不過我知道他並不合適。我想盡辦法說服他，可是他拒絕接受。最終為了確保團員配合劇團的規例，我解僱了他。我很不捨，因為他真的很出色；他也不想走，只是他也無法放下自己的立場。我們多年後重逢，他贊同我的做法，因為**管理者就是要堅定立場，清楚自己的角色定位**。這就是角色和真我的分別，在真我而言，我仍然很欣賞他出神入化的演技。

袁幗兒（EMBA 2006 校友）：你曾生過一場大病，那段時間怎樣影響你的人生哲學？

毛：我在 2002 年終證實患上癌症，動手術切除了整個胃部。2003 年化療期間，香港更被 SARS 困擾，日子很難捱。不過我學到重要一課 —— **人生苦短，我們真的要珍惜人生，活在當下**。這個大難關鍛鍊了我的思維，我尤其記得離開醫院的一刻，有多渴望吃雲吞麵。原來一個如此簡單的願望就能令我滿足，我從來沒有這種感覺。我也很感恩上天給我機會，再次為藝術付出。

在美國起步做導演的毛俊輝（1974 年）

張：在生死攸關的時候，體會也會特別深刻。

毛：說到生死，我想分享一首歌。我曾經執導一齣改編自張愛玲《傾城之戀》的舞台劇，叫《新傾城之戀》，由梁家輝、蘇玉華主演。當年鍾志榮特地編曲、填詞，創作了主題曲〈死生契闊〉，由劉雅麗主唱。

·回歸東方戲劇世界·

張：毛 sir 在美國努力向上，得到百老匯的演出機會，為何放棄美國的事業和觀眾，回到香港?

1976 年在百老匯演出的《太平洋序曲》

毛：是導演 Harold Prince 啟發了我。他為《太平洋序曲》進行全國試鏡時選中了我。這套音樂劇以能劇形式敘述日本開放的過程和美國文化對日本造成的衝擊，但它是原汁原味的美國音樂劇，而且罕有地全部起用亞裔演員。透過與頂尖團隊合作，我獲得寶貴的經驗。演出後，導演說：「我欣賞你的演出，但你要知道你不是羅拔‧烈福（Robert Redford）。」即是說我再努力，即使他也欣賞我，但他也不能每部戲都考慮起用我。這種身份限制是改變不了的。我明白羅拔‧烈福代表的是典型白人演員，也知道他這樣說絕非歧視，當年百老匯的風氣確實如此。

早年我在美國得到不少演出機會，主要因為我在小劇團演出，我算是幸運的。就我所知，當年在百老匯裏，即使美國土生土長的亞裔演員也很少能夠亮相。後來美國規定劇團必須預留部分名額給少數族裔，但我不認同這項政策，因為亞裔從業員自始便利用少數族裔身份來演戲，而非憑藉真才實學。

陳：美國大學也規定為少數族裔保留收生名額。我的看法是，正如球類比賽，中國人在乒乓球賽是常勝軍，但在籃球賽卻稍遜一籌，那只是證明不同的人各有所長。我們應該尋找能夠發揮所長的項目，而不一定要借力於政策。

毛：時代改變了，兩年前我回到紐約探訪年屆九旬的恩師 Harold Prince，我們談到最近最賣座的百老匯音樂劇 *Hamilton*，劇裏由有色人表演饒舌音樂。Harold Prince 感嘆當年時機未至；現在很多電視劇的要角都由黑人擔當，但當年較為人知的只有薛尼．波特（Sidney Poitier）。

陳：周潤發在《無雙》裏有一句對白：「這個世界，一百萬人裏只有一個主角。當主角的都是能夠達到極致的人，可首先要找到對的舞台。」Harold Prince 當年也是這樣勸你去找屬於你的舞台。

毛：當時適逢中國開放，曹禺訪問美國，哥倫比亞大學為了歡迎這位中國戲劇大師，出資製作英文版舞台劇《北京人》，我有幸當上男主角之一，大受中外好評。劇中有許多亞裔演員，唯獨我的名字經常被提及，我猜因為我是一個真真正正的中國人，各種評論的讚譽讓我醒覺自己中國人的身份。

到大概三十三歲時，我常在紐約的「新劇作家協會（New Dramatists）」練習、排戲、做試驗，畢竟導演或演員並非時時刻刻都有工作。1982 年，協會獲邀前往中國探訪當地戲劇界人士，他們讓我和另一位美國著名戲

到紐約探訪九十歲的導演恩師 Harold Prince

劇教授到內地訪問。闊別祖國二十三年，我重踏故土，在上海、北京與中國的戲劇友好交流。中國戲劇界經歷文化大革命後環境困苦，我記得中國戲劇家協會的兩位領導趙尋與劉厚生請我們吃飯，飯菜雖然樸實無華，但他們對戲劇的熱切追求讓我深受感動，於是我決定展開尋根之旅。

張：出於甚麼機緣，你終於回到香港？

毛：1985 年香港演藝學院成立，King Sir 擔任戲劇學院院長，他推薦我出任戲劇學院表演系主任。那時我們還保持聯絡，但沒有任何合作。我已經離開香港十七年，雖然在美國發展有阻力，但始終深耕細作多年，還是有不少工作機會。不過北京上海之行啟發了我，所以我決定回港尋根。當時在紐約由茱莉亞學院（Julliard School）的教務主任 Harold Stone 代表香港演藝學院與我面試，

早年戲劇學院學生畢業禮

他與我素未謀面，可能見我有點害羞，便問我為何自認為有資格擔任此職。我說我在美國求學兼實踐多年，收穫甚豐，但徹頭徹尾是中國人，說的是廣東話，而且懂得中國的傳統戲曲，我知道在香港要教甚麼。最後面試官說：「You must go.（你一定要上任。）」

陳：這個職位非你莫屬，因你有中國文化底蘊又富有經驗。

毛：回到香港發現這裏的學生很寶貴，遇到黃秋生、劉雅麗、蘇玉華和張達明等學生。我感到這裏是我的家。

・接手話劇團，實行公司化・

張：你在演藝學院教學十五年，本來在 King Sir 榮休時有機會接任院長，但 2001 年香港話劇團公司化，你選擇出任其藝術總監。你在演藝學院多年，已和師生建立深厚情誼，為何仍推卻已獲邀約的院長一職，轉職別處接手你不熟悉的管理工作？

毛：我認為香港話劇團公司化是香港戲劇發展的關鍵一步，而當時一般人並不熟悉它的運作。我很幸運二十七歲時曾出任美國劇團的總監，雖然香港藝團的公司化獲政府資助，但要懂得經營，要自負盈虧，我便要到前線做推銷員，並懂得建立團隊。

陳：做戲和管理是兩碼子事，我從前就不知道你懂得「炒人（開除同事）」。（眾笑）

毛：炒人很難。之前我和香港話劇團有合作，當客席導演，自然也對劇團有一定認識。**我發現公營制度為劇團帶來不少矛盾，例如薪酬如同政府一樣看資歷，但其實應以能力為依歸，那才能鼓勵年輕人加入。**不過在香港，只要人事稍有變動，員工就會批評「新官上任三把火」，說你製造問題，並作出投訴，我也只能默默承受。

陳：CEO 應該擇善固執，不過同時也要從善如流，聽取別人的意見。

毛：的確，**聽取意見很重要，並且要因應環境需要作出決定，而非被一己的偏好蒙蔽。**

陳：最重要是別搬龍門，不能一有反對聲音就退縮，改變主意。你有這樣的經歷嗎?

毛：當時劇團裏有不少老臣子，他們都是很好的演員，但跟演藝學院出身的學生有隔閡，思維、習慣都迥異，合作時常有磨擦。於是我要重新組織劇團，不會論資排輩，只講能力。

陳：你是以職級來讓他們信服嗎?

毛：不，他們相信我是因為我對戲劇的認識，也因為我們都為劇團的發展着想。當時不少演藝學院畢業生已在外自組劇團，令香港話劇團陷入「中年危機」，我必須開拓新的戲劇題材，吸引新的觀眾。

陳：這就是「趁壞消息出貨」，當境況不妙時，同事就較願意接受轉變。

毛：是的。早年香港話劇團只做翻譯劇，多演經典作品。要轉型，劇目就要多元化，於是我們嘗試音樂劇、家庭劇、實驗劇場、本地原創等。家庭劇是合家歡那種，一家大小都能欣賞。當初大家都不熟悉實驗劇場，但現在香港話劇團的黑盒劇場就是在這基礎上發展出來的。劇團當時也推出了《新傾城之戀》、《還魂香》和《酸酸甜甜香港地》等創新劇目。

陳：你在美國沉浸多年，覺得話劇團需要轉型嗎?

毛：當時我們面對的另一難題是知名度，香港話劇團已成立二十五年，卻不為內地觀眾所認識。於是我需要將作品帶到內地去，第一套展演的是我導演的《酸酸甜甜香港地》，在 SARS 發生的時候參加了內地戲劇節。戲劇節展演的劇目超過一百部，為了突圍而出，我找了私人

三大藝團合作的音樂劇《酸酸甜甜香港地》(2003 年)

贊助商，讓話劇團到上海作公開演出，打響頭炮。這是一套原汁原味香港創作的音樂劇，由顧嘉煇、黃霑創作音樂，並由香港話劇團、香港中樂團和香港舞蹈團共同演出。大家都有共同使命，因此一呼百諾。第二套是《新傾城之戀》，亦屬香港原創作品，用廣東話，輔以字幕，更受歡迎。

陳：你這次也可説是「趁壞消息出貨」。既然香港市道不景，又想作多元化發展，那不如嘗試在內地演出。

張：2002 年末你大病一場，而這部《酸酸甜甜香港地》

首先在 2003 年 SARS 期間推出，你當時是如何堅持下去的？

毛：2003 年我正進行化療，同時還跟霑叔（黃霑）、煇哥（顧嘉煇）和編劇何冀平一起開會。他們戴着口罩來到我家，免得體弱的我中招，所以今年的疫情也讓我感觸良多。

陳：身邊的家人和朋友如何幫助你呢？

毛：全靠太太胡美儀一直在旁照顧和鼓勵我。香港發生 SARS 後，政府希望藉着搞一台戲，為香港人打氣。三大藝團要合作做一齣音樂劇，自然由我策劃、統籌和導演。感謝中樂團的閻惠昌先生和舞蹈團的蔣華軒先生全力支持我，一起合作。這確實是一個極有意義的演出。

·戲曲學院的抱負·

張：毛 sir 由在美國求學，在演藝學院教學，到加入香港話劇團，一直醉心戲劇。但在 2014 年你出任戲曲學院院長，那是基於甚麼因緣？

毛：雖然我加入了香港話劇團，但一直在演藝學院擔任學術顧問，及後政府委任我為校董會副主席。2014 年，政府希望演藝學院成立戲曲學院，培訓專業的本地粵劇人才。我深知成立這所學院很困難，對此自然關心；他們在全球招聘戲曲學院院長，但委實不容易，因為這個職位需要對專上教學及戲曲（粵劇）有認識，最後校董會認為尚餘三個月就要開課，事情刻不容緩，便力邀我出任。那是臨危受命。而且我也深愛粵劇，這是童年時代種下的種子。

陳：一開鑼鼓，就會感到精神煥發。

張：毛 sir，你不單希望粵劇能夠傳承下去，還希望促進改革和創新。在你接任院長的兩年，學院有很多新發展。

毛：對，但我不可能在兩年內完成所有計劃，**只能打好基礎，讓大家明白學院可如何發展。我早就提出只當兩年院長，因為我沒有另一個十五年，而學院的發展並不是一朝一夕的事。其實學院需要很多人的支持和合作，所以我告訴他們，要好好學習所需技能，將來我必定會跟他們合作。**這群學生這麼年輕卻一心想學習粵劇，希望香港可以引以為傲，真的深深感動了我。後來，香港藝術節獲得賽馬會特別資助，我負責改編及執導的粵劇《百花亭贈劍》就是與戲曲學院的學生和畢業生合作。這部創新的粵劇帶來驚喜，反應相當熱烈，連續兩年在香港藝術節上演 —— 四十七年來，這是第一套會在藝術節重演的作品。

張：它跟其他戲曲有甚麼不同?

毛：很多人誤會了我，以為我想捨棄粵劇傳統，其實我的創新在於研究粵劇在當代的演繹手法，與觀眾建立關係。這涉及戲劇界的一個重要理論 ——「當下藝術」，主張戲劇要能夠與觀眾交流，引起他們的共鳴。粵劇在今天還可以繼續上演，因為它有價值，但我的理念是要採用新的手法。《百花亭贈劍》除了在香港上演，還在內地巡演，令更多觀眾認識粵劇。

陳：你們具體做了甚麼? 你把四小時的戲劇濃縮為兩小時，節奏和舞台感的確加強了，我看到一個新景象，

粵劇《百花亭贈劍》大受年輕觀眾歡迎

知道那不是我過往熟悉的粵劇演出，其實你加入了甚麼元素？

毛：重新研究對現代戲劇工作者而言是義不容辭的。如果戲劇的演繹只倚靠程式化的演出，便很容易僵化，儘管那齣戲在形式上可以美觀奪目，卻不能引起觀眾的共鳴；故我加以研究，力求提升演繹手法、文本創作、舞台設計、音樂改編及製作水平。

張：毛 sir 把不同養分注入了《百花亭贈劍》。

毛：以西方理論而言，這是 total theatre（全劇場）。戲曲其實就是全劇場，不像話劇，而是在戲劇裏加入了歌唱和舞蹈，還有音樂演奏。

張：這樣好比音樂劇（musical）。

毛：對，這便是戲曲引人入勝的地方。

張：毛 sir，你遊走西方劇場多年，現在還涉獵粵劇。依你所見，香港的演藝事業有甚麼出路？你在 2008 年成立「亞洲演藝研究」組織，是否為了尋找出路？

毛：對，我離開香港話劇團後，暫停創作好一陣子。我想了解整個演藝環境，所以為中央政策組做研究，探討香港的主流劇場生態。這項工作別具意義，我不只研究熟悉的東西，也研究不同人所做的不同事項。自那時起，我一直關心演藝界的前路。我認為**在今天創意最為重要，香港雖小，但有良好的條件，可發揮創意**。我把舞台劇帶到內地，一次又一次獲得上佳迴響，這印證了香港人的創意。現今香港話劇團每年在內地都有演出，為甚麼？因為內地觀眾想認識香港的戲劇，想觀看香港的創作。

陳：只有研究是不夠的，香港也需要人才去發展戲劇。

毛：我的研究對業界也有幫助。有些戲劇一定要重演，但以前康文署不接受，每次提出申請都要上演新劇，現在則已修改了政策。

陳：以前的粵劇一做便是數月，由上演第一天一直修改至最後一天，所以是千錘百鍊的。

毛：年輕演員尤其需要重演的機會，那才會熟能生巧。

·藝術的小我和大我·

張：今天，我們不但認識了話劇團的公司化和管理哲學，更感受到毛 sir 心裏對藝術的那一團火，為甚麼你堅持走藝術這條路？你今天帶來的金句或許可以説明一切。

毛：這金句來自俄國戲劇大師史坦尼斯拉夫斯基（Konstanin Stanislavsky），他是首位完整地研究表演體系的人，是戲劇界的殿堂級人物。他其中一句名言是：「**要學會愛上自己心中的藝術，而不是藝術中的自己。**」

陳：要請你闡釋一下。它是否叫你不要愛上自己所演出的角色？

毛：不是。坦白說，藝術工作者往往比較自我，但那是「小我」。藝術是「大我」，是無限的，「小我」則是有局限的。他的意思是，**你不要只愛自己，否則你的世界很**

渺小；但如果你愛藝術，這個「大我」是無窮無盡的。

陳：我嘗試重新演繹。例如我去教學，不是為了表現自己，不是為了建立自己的名聲。教育的本質是甚麼？是為教育而教育。只顧沽名釣譽的，一生也不會成為教育家。換句話說，你要重視的是藝術本身的意義，而不是只着重你個人眼中的藝術。

毛：這金句對我來說別具意義，是它令我堅持下去，所以今天我對藝術仍有熱情。我年紀大了，很多東西已經做不來，我並沒甚麼了不起，但我愛藝術，希望可以和大家共創佳績。

張：從毛 sir 對藝術的熱誠，我們體會到他所說的「大我」。除了在劇場裏吸取養分，毛 sir 也會從書本吸收藝術精華，你會跟我們分享哪一本書？

毛：那是 *The Empty Space*，作者是英國著名導演 Peter Brook（彼得・布魯克），於 1968 年出版，我們把它視為經典，因為書裏有太多有用的東西，時至今天仍然適用。*The Empty Space* 也有很好的中文譯本，名為《空的空間》。

陳：Empty space 指的是甚麼？空間本來就是空的。

毛：彼得・布魯克的意思是，劇場本來是一個空間，你會在這個空間擺放甚麼？他的主要論點是，「排練」、「演出」和「觀眾」有緊密的關連，三者共同建立這個空間。為甚麼「排練」重要？因為好的藝術需要不停地磨練，但練習太多會導致僵化，所以我們需要「演出」；他形容「演出」是一個「再現」，給藝術一個新生命（new life）；但只是這樣並不足夠，這個空間最重要的是「觀眾」，是觀眾的反應令藝術 alive（活起來）。這個理論時至今天也很寶貴。

張：《空的空間》跟今年的主題「壯志高飛」很有關連。導演好比 CEO，兩者都要靈活地看待事情。有時我們需要壯志高飛，從高角度出發，有時則需要從低角度出發；有時我們需要主觀的鏡頭，但有時應該抽身來觀看全貌。我們在本年度的第一集節目也説過，高度決定視野，角度改變觀念，我們要多角度地認識一件事物。

毛：為甚麼我會接受邀請，參與《與 CEO 對話》？因為劇場的營運模式就好比 CEO 做事一樣。籌備戲劇一定要目標清晰，首先你要思考做哪一齣戲；而要把戲做好，價值觀就必須嚴謹，同時也要思考演繹的方法。另外，這是團隊工作，而且每一個人都要有獻身的精神，戲才會做得好。因此，排練戲劇是訓練團隊精神的一個空間，而劇場的領導人應當要有 CEO 的精神。

陳：為甚麼我們要壯志高飛？是希望開創新景象？還是希望給別人帶來目標、理念或價值觀？我們籌備《與 CEO 對話》，首先要有目標和價值觀，然後是團隊合作 —— 大家不是為薪金而來，而是享受當中的過程，希望節目能啟發社會大眾。除了目標，我們也需要實質的演繹，只構思而不付諸實行是沒有意義的。再來是觀眾能否得到共鳴？觀眾可能寫信讚譽，但即使是批評我，也表示他有認真收聽節目，我便會自我反省。「壯志高飛」、「空的空間」和教育全是一脈相承，互相緊扣。如果你的戲做得不好，你不但不能高飛，不能達到你的目標，還需要自我反省。

張：今天很感謝毛 sir 跟我們一起壯志高飛。現在有請 EMBA 同學與毛 sir 對話。

‧戲劇離不開觀眾‧

周樂敏（EMBA 2020 學生）：毛 sir，多謝你分享這麼精彩的戲劇生涯。這些年裏總會遇到一些難題，當中是否有一些難忘的抉擇，培養了你現時的管理理念？

毛：我的演藝生涯裏的確有很多抉擇，但最艱難的抉擇，是當年選擇離開美國，因為我在那裏待了很久，有幸得到很多參與戲劇的機會，甚至可以在百老匯演出。我選擇回港，首要目的是回來教學，但我不知道我在香港能否勝任，畢竟離港已久。當年回港唯獨認識鍾景輝先生，有時聽太太說起香港的電視劇，談到周潤發、劉德華的演出，我全不知情。但我認為我的選擇是正確的，因為我需要找回自己，所以要回來香港。與這裏的朋友、學生一起工作，我體會到我們文化的根。今天一把年紀了，我仍然興奮地想幹點甚麼，都是因為文化的根使然。

張：這是你在十歲前埋下的種子。

陳斯瑩（EMBA 2021 學生）：毛 sir，多謝你精彩的分享。戲劇的商業化和普及程度，比不上電影和紀錄片，那麼戲劇愛好者可以做些甚麼，令更多人接觸這種融合了學術、表演和創造的藝術形式？

毛：好問題，因為戲劇最重要的部分是觀眾，如 Peter Brook 所言，觀眾是核心，所以我們要尋求更多觀眾的支持。香港的戲劇發展已經起步，很多人付出良多，包括我的學生，他們的工作很出色。但我們需要更多推手，那便需要一定程度的商業化，商業化的意思是要加強推廣，讓更多社會大眾接觸戲劇。當然，這需要很多條件配合，我們不能單靠自己或政府資助，而是需要社會的支持。說白一點，**我認為香港商界沒有積極推動藝術演藝工作，他們也應參與其中，不是為了利潤，而是為了造福社會**。為此，近年我也參與了一些比較商業化的戲劇製作，例如我和英皇娛樂有很好的合作，推出了一齣關於香港地標舞廳的話劇《杜老誌》，還有前年的《奪命證人》。我希望借這些形式的演出，讓更多觀眾接觸戲劇。當然，劇本本身要有吸引力、有賣點。與商界合作是另一種推廣方式，我們不是純粹在藝術上摸索。

張：觀眾的支持很重要，就如我們的《與 CEO 對話》，十七年來獲得很多學生和聽眾的支持。為了多謝毛 sir，EMBA 同學選了一首歌送給你。

余仲虹（EMBA 2014 校友）：毛 sir，非常感謝你分享演藝生涯的多年經驗。聽了你的分享後，我得到一些啟發——為了開創未來，我們必須勇敢和努力嘗試。看到你對藝術的熱情，我深受感動。另一方面，我們很感謝你對香港演藝界的付出和貢獻。面對突如其來的疫症，相信很多演藝界朋友正面對不同的衝擊，今晚我謹代表 EMBA 的老師和同學，為你和演藝界朋友送上這首 “Bridge Over Troubled Water”，讓大家在困難中互相扶持，並寓意困難終如流水般逝去，未來仍有光明和盼望，謝謝你！

張：但願如這位同學所言，不如意的事如疫症會像流水一樣很快離去，希望在明天。我們也期待來年再在《與 CEO 對話》與大家見面。讓我們再次多謝今年的壓軸嘉賓毛 sir。

名詞索引

香港中文大學 EMBA 管理叢書系列

《與 CEO 對話》

—— 轉危為機（2022）

—— 壯志高飛（2022）

—— 登峰造極（2021）

—— 精益求精（2020）

—— 千錘百煉（2018）

—— 真知灼見（2017）

—— 高瞻遠矚（2016）

—— 運籌帷幄（2015）

—— 乘風破浪（2014）

—— 承先啟後（2012）

—— 先知先覺（2011）

—— 從優越到關懷（2010）

—— 變革年代（2010）

—— 駕馭變幻（2009）

—— 英雄造時勢（2009）

—— 願景與睿智（2007）

—— 領袖的奧秘（2006）

—— 智慧之旅（2005）